JN043873

電気・電子系 教科書シリーズ　**22**

情 報 理 論（改訂版）

工 学 博 士　**三木 成彦**
博士（工学）　**吉川 英機**　共著

コロナ社

刊行のことば

　電気・電子・情報などの分野における技術の進歩の速さは，ここで改めて取り上げるまでもありません。極端な言い方をすれば，昨日まで研究・開発の途上にあったものが，今日は製品として市場に登場して広く使われるようになり，明日はそれが陳腐なものとして忘れ去られるというような状態です。このように目まぐるしく変化している社会に対して，そこで十分に活躍できるような卒業生を送り出さなければならない私たち教員にとって，在学中にどのようなことをどの程度まで理解させ，身に付けさせておくかは重要な問題です。

　現在，各大学・高専・短大などでは，それぞれに工夫された独自のカリキュラムがあり，これに従って教育が行われています。このとき，一般には教科書が使われていますが，それぞれの科目を担当する教員が独自に教科書を選んだ場合には，科目相互間の連絡が必ずしも十分ではないために，貴重な時間に一部重複した内容が講義されたり，逆に必要な事項が漏れてしまったりすることも考えられます。このようなことを防いで効率的な教育を行うための一助として，広い視野に立って妥当と思われる教育内容を組織的に分割・配列して作られた教科書のシリーズを世に問うことは，出版社としての大切な仕事の一つであると思います。

　この「電気・電子系 教科書シリーズ」も，以上のような考え方のもとに企画・編集されましたが，当然のことながら広大な電気・電子系の全分野を網羅するには至っていません。特に，全体として強電系統のものが少なくなっていますが，これはどこの大学・高専等でもそうであるように，カリキュラムの中で関連科目の占める割合が極端に少なくなっていることと，科目担当者すなわち執筆者が得にくくなっていることを反映しているものであり，これらの点については刊行後に諸先生方のご意見，ご提案をいただき，必要と思われる項目

については，追加を検討するつもりでいます。

　このシリーズの執筆者は，高専の先生方を中心としています。しかし，非常に初歩的なところから入って高度な技術を理解できるまでに教育することについて，長い経験を積まれた著者による，示唆に富む記述は，多様な学生を受け入れている現在の大学教育の現場にとっても有用な指針となり得るものと確信して，「電気・電子系 教科書シリーズ」として刊行することにいたしました。

　これからの新しい時代の教科書として，高専はもとより，大学・短大においても，広くご活用いただけることを願っています。

　1999 年 4 月

編集委員長　高　橋　　　寛

ま え が き

現在，コンピュータの発展により，情報化の波はあらゆるところに押し寄せてきている。特に，インターネットや携帯電話の普及は，あらゆる分野に革命を起こしつつある。したがって，情報と通信の基礎になっている情報理論は，電気・電子系学生にとってますます重要になってきている。

コンピュータの発展の中にはその計算速度が非常に速くなってきていることも含まれている。ところが，コンピュータも機械であるので，機械的誤動作がつきものである。したがって，機械的誤動作によりデータが変わらないよう誤り検出や誤り訂正が重要になってきた。

情報理論として，シャノン流のディジタル関係のものとウィーナー流のアナログ関係のものが取り扱われることが多い。

本書では，話題をディジタル関係にしぼり，シャノン流の情報理論と符号理論の初歩について述べている。

電気・電子系学生が情報理論の本質を理解しやすいように，できるだけ難しい数学は避け，例題を多くした。特に，符号理論は抽象代数学が必要であるが，ほとんどその抽象代数学の分野の用語を用いずに記述した。したがって，定理の証明などで数学的厳密さを犠牲にしたところもある。足らないところは他の類書を参考にされたい。

2章では，確率の基本的な用語や定理をまとめたものである。すでに，確率の単位を取っている学生は，この章を飛ばして読んでもよい。また，この章の終わりには本書で用いられる記号をまとめているので，活用されたい。

3および4章では，情報源符号化定理や情報源を符号化する方法などについて述べた。

5，6および7章では，相互情報量，通信路符号化定理，誤り検出や誤り訂

正，線形符号などについて述べた。

1, 2, 3 および 5 章は三木が担当し，4, 6 および 7 章は吉川が担当した。もちろんすべての章を 2 人で議論し，用語などをできるだけ統一した。

筆者らの意図に反して，理解しにくいところが多々あるかと思う。読者諸兄のご叱正をいただければ幸いである。

本書を著すにあたり多くの図書を参考にさせていただいた。参考文献にあげて謝意を表したい。

また，本書のカット絵を描いてくれた津山高専の学生の森本嘉美君，本書の原稿を熱心に読んで下さり種々の指摘をしてくれた津山高専の大西淳助手，2 章をチェックして下さり，貴重なアドバイスをいただいた津山高専一般学科（数学）美土路隆治教授に心から感謝する。

最後に，浅学非才の著者らが本書を書くチャンスをもてたのは，鈴鹿高専の奥井重彦教授に負うところが大きい。ここで謝意を表したい。また，本書の構成などのアドバイスをいただいた本シリーズの編集委員である豊田高専の竹下鉄夫教授に感謝する。

1999 年 11 月　　　　　　　　　　　　　　三木成彦・吉川英機

改訂版にあたって

本書の初版が出版されてから 20 年以上が経過した。その間，増刷のたびに誤りを訂正したり，少しでもわかりやすい文章にしたりしてきた。その間，LSI の集積度が非常に高くなったことなどのハードウェアの進歩，および人工知能（AI）技術の進展などのソフトウェアの発展は目覚ましいものであった。今後とも情報理論がかかわる分野はますます幅広くなると予想される。情報通信分野の基盤技術を支える情報理論の重要性は現在でも変わっておらず，情報理論の基礎を学ぶことは不可欠であろう。そこで今回の改訂でも，誰でもわかりやすくという初版の方針を踏襲し，これまでの内容や構成は変更せず，全体の文面を見直して，初版以上にわかりやすい表現に改めることに重点を置いた。

2021 年 2 月　　　　　　　　　　　　　　三木成彦・吉川英機

目　　　次

1.　序　　論

2.　確率論の基礎

3.　情報源符号化

4.　情 報 源 符 号

5.　各 種 情 報 量

6.　通信路の符号化

7.　符 号 理 論

1

序　　　論

　この章の目的は，次章以降の導入部として，情報の重要性や本書で取り扱う通信システムなどを学ぶことである。

1.1　情報理論とは

　〔**1**〕　**情報とは**　　情報という言葉を聞いて読者はなにを連想するだろうか。国家情報局，スパイ，国家機密などを連想する人，情報化社会やコンピュータを思い浮かべる人などいろいろであろう。

　広辞苑によれば，情報とはある事柄についての知らせである。刑事ドラマなどを見ていると，悪人たちの動きを刑事に知らせる情報屋が出てくる。情報屋はまさに情報を売ってお金を稼いでいるのである。また，新聞やTVのニュースはま

図 1.1　人が犬をかめば大ニュース

さに情報である。「人が犬をかんだ」という事実があればそれは新聞にとって大ニュースである（**図 1.1**）。

　〔**2**〕　**情報はそんなに重要か**　　最近，情報公開という言葉がよく使われる。公開されていない情報を利用して金もうけをして，裁かれた者もいる。また，東西ドイツが統一されたのも，東ドイツの一般市民がラジオ放送などにより東ド

イツ以外の世界の情報を入手していたからだといわれている。

　武田信玄や上杉謙信が活躍した日本の戦国時代の合戦を思い起こそう。大将のいる本陣に戦線の情報がつぎつぎと報告され，作戦を立てているシーンが思い出されるであろう。また，アメリカの西部開拓史時代を描いた西部劇でも，アパッチ族の見張りが，白人の襲撃をのろしをあげて本隊に知らせるシーンがよく出てくる。いずれも情報の有無が生死にかかわってくるのである。この例よりもっと遠い場所への情報の伝達はどのように行えばよいのであろうか。

図 1.2　アメリカ本土と日本の広さ

　アメリカはその本土だけでも日本の国土に比べて非常に広い（図 1.2）。このアメリカが一つの国としてまとまり，商業活動や産業活動を活発化するには，まず運輸手段が発達するとともに，国民の意見や考え方を政府が迅速正確につかんだり，全国の気象，農作物の生育状況などを迅速正確に伝達することが必要である。

　運輸手段が発達し，情報の速い伝達が待たれていた 1835 年にモールス（Morse）が符号電信を発明した。彼は文字情報を送るのに，電流の持続時間の短い符号トンと長い符号ツーの 2 種類の組合せを用いることを発明した。それも，よく用いられる文字に短い符号を割り振るという現代情報理論にも通用する方法を思いついた。この発明の後にアメリカで天気予報が実施され，産業を活発にし，文明の発達を促したことはいうまでもない。余談であるが，英文において一番多く用いられるアルファベット，「e」を手掛かりに，未知の暗号文を解読していく小説が，エドガー・アラン・ポーのみごとな作品「黄金虫」[1] である。

　〔3〕　**情報の量は測れるか**　　身長や体重は測ることができる。それは長さや質量を計る合理的な単位が存在するからである。それでは，情報の量の合理的な単位は存在するのだろうか。答は「イエス」である。その単位を定義したのはシャノン（C. E. Shannon）である。

　シャノンは，論文，"A mathematical theory of communication" [2] を 1948

年に発表し，その中で情報量とその単位を定義した。シャノンの論文の題名は
「通信の数学的理論」であるが，いつのころからかこの論文をもって情報理論の
誕生とされるようになった。

〔**4**〕　**シャノンの情報理論では，情報のもつ主観的価値の量を測れるか**　　答
は「ノー」である。いま，無名の A さんの子供が無事産まれたという情報があ
るとしよう。A さんにとってはこの情報は非常に価値のあるものであるが，大
新聞にとってはほとんど価値のないものでニュースにならない。

　このように同じ情報であっても受取り手によりその価値は異なるのである。
あるいはモールスが発明した電信で英文字を送る場合も，同じ英文であっても
受取り手によりその価値は非常に異なることは容易にわかるであろう。この例
から，情報のもつ意味（主観的価値）の問題が存在することがわかる。

　ところで，先の「犬が人をかんでもニュースにならないが，人が犬をかんだ
らニュースになる」という言葉はよく知られている。これは，犬が人をかむこ
とは珍しいことではないが，人が犬をかむことは珍しいからである。

〔**5**〕　**シャノンの情報理論**　　シャノンは情報のもつ主観的側面を捨て，客
観的側面（その事柄が起こる確率）のみを用いて情報の単位を定義した。この
ことが後の情報理論の発展に大いに貢献したのである。また，シャノンは情報
を通信する際の問題を理論的に検討した。

　いままで，電報や電話のように人から人への情報の伝達について述べてきた
が，現在では，コンピュータ通信やコンピュータ内部の情報の伝達も重要な問
題である。コンピュータが扱うデータ（情報）は膨大な量であり，そのメモリ
に情報をいかに効率よく，また誤りを少なく蓄積するかということが重要であ
り，情報理論の適用の研究も盛んである。

　「百聞は一見にしかず」という言葉があるように，人間の視覚から得られる情
報は大きく，画像情報は人間にとっても重要である。しかし，画像情報はデー
タ量が膨大で大きなメモリを必要とする。したがって，その情報を記号 0 と 1
のいかなる組合せに変換してコンピュータのメモリに効率よく蓄えるかは重要
な問題である。

　なお，画像情報はデータ量が多すぎるので，情報圧縮（場合によっては人間に不必要な情報を切捨て）が行われている。

　けっきょく，情報理論とは情報を誤りなく，効率のよい伝達や記憶をするためにはどのようにすればよいかを系統的に取り扱う理論である。

1.2　通信システムのモデル

　〔1〕　モールスとシャノンの通信システムモデル　　いま，図 1.3 のように，英文を相手に送るモデルを想定しよう。この英文を考え出す人間を**情報源**（information source）という。英文をトンとツーに変換して，それを電気信号にして送り出す機械を**送信機**（transmitter），電気信号を伝える電線（無線通信の場合は空間）が**通信路**（channel），電気信号からトン，ツーを取り出し，それを英文に復元するのが**受信機**（receiver）である。復元された英文を受信者が読むのである。このモールスの通信システムのモデルを**図 1.4** に示す。このモデルは**通信路の雑音**（noise in channel）を考慮していない。

図 1.3　英文を相手に送るモデル

図 1.4　モールスの通信システム

　これに対して，シャノンは図 1.5 に示すように，通信路の雑音を考慮した実際的なモデルを考えた。このモデルは，電報のようにこちらの情報を遠く離れた場所に送る場合ばかりでなく，コンピュータの CPU とメモリ間のデータ転

図 *1.5*　シャノンの通信システム (1)

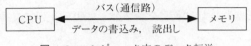

図 *1.6*　コンピュータ内のデータ転送

送などいろいろなところに適用できる応用範囲の広い抽象化されたモデルである（図 *1.6*）。

　英文字のように，離散的な形で表される情報を**ディジタル情報**（digital information），音声のようなある連続な範囲の任意の値をとりうる情報を**アナログ情報**（analog information）という。

　図 *1.5* のモデルを図 *1.7* のようにもう少し書き換えてみる。図の符号器および復号器はそれぞれ図 *1.4* の送信機および受信機に対応するものである。符号器は，情報を符号に変換するものである。現在のコンピュータでは 2 進数，すなわち 0 と 1 の組合せですべて処理されるので，符号はすべて 0 と 1 の組合せであると考えてよい。また，復号器は符号をもとの情報に復元するものである。

図 *1.7*　シャノンの通信システム (2)

　これらの例のように，2 進数の形で情報が通過する通信路を**ディジタル通信路**（digital channel）という。

　〔*2*〕　**情報源符号化**　　図 *1.4* のモールスのシステムで，トン，ツーの電気信号の代わりに，図 *1.8* のような 0 と信号と大きな正のパルス信号を用いても本質的には変わりはない。いま，0 の信号および正のパルス信号をそれぞれ記

記号　　　0　　　　　　1

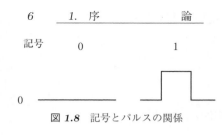

0

図 1.8 記号とパルスの関係

号 0 および 1 で記すことにする。

　このような場合，文字情報を送るには，各英文字を 0, 1 の系列に変換する必要がある。この際，モールスが考えたように，よく用いられる文字に 0 と 1 の短い組合せを割り振れば英文を全体として短い系列に変換でき，効率がよいであろう。

　このことを示す簡単な例を一つあげよう。いま，「イエス」,「ノー」,「どちらでもない」の三つの情報のどれかを送りたい場合を考えよう。

　その事柄が発生する確率は**表 1.1** に示すとおりとする。表の C_1 と C_2 を符号と呼ぶ。このとき，単純に上から 0, 1, 10 と割り振ったのが符号 C_1 である。発生確率の大きい順に 0, 1 および 10 を割り振ったのが符号 C_2 である。符号 C_1 より符号 C_2 のほうが全体として短い符号に変換できることは明らかであろう。このように，情報源を効率のよい符号に変換することを，一般に**情報源符号化**（source coding）という。

表 1.1 情報源符号化の例

情　報	発生確率	符号 C_1	符号 C_2
イエス	0.3	0	1
ノー	0.2	1	10
どちらでもない	0.5	10	0

〔**3**〕　**通信路符号化**　　通信路に雑音があるシャノンモデルの場合，情報源符号化だけでは通信路で雑音が入り，受信側では間違った情報を受け取る可能性がある。例えば，**図 1.9** のような通信路があるとする。すなわち，入力と同じ出力となる確率が 0.9 で，異なった出力になる確率が 0.1 である。

　イエスかノーの情報を送りたい場合，イエスおよびノーに対してそれぞれ 0 および 1 を割り当てる符号化をする。この符号のままこの通信路を通した場合，0.1 の確率で誤った情報が受け取られるのである。

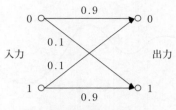

図 *1.9* 通信路の入力と出力

　この誤る確率を小さくする方法の一つは，0 に対して 000，1 に対して 111 と
さらに符号化し，受信側では 0 が三つあるいは二つのとき 0 が送信されたと判
定し，その他の場合は 1 が送信されたと判定するのである。このとき，同じ情
報を送るのに 3 倍の時間がかかる。しかし，誤って判定される確率は 0.028 に
減少する。

　このように，通信路に送り出すための符号化を**通信路符号化**（channel coding）
という。この情報源符号化と通信路符号化を明確にしたシャノンの通信システ
ムを図 *1.10* に示す。本書では，今後このモデルを取り扱うこととする。

図 *1.10* シャノンの通信システム (3)

1.3　標本化定理と量子化

〔**1**〕　**標本化定理**　　本書では，図 *1.10* のモデル，すなわちディジタル情
報を扱っている。それでは，図 *1.11* に示すような情報 $x(t)$（例えば，音声の
電圧表現），すなわちアナログ情報を扱う場合はどのようにすればよいのであろ
うか。それはアナログ情報をディジタル情報に変換（A-D 変換）してこのモデ
ルを適用すればよいのである。

　図の $x(t)$ をディジタル情報に変換するにはまず，時刻 t を離散的な値にした

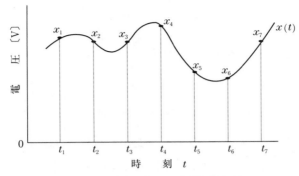

図 **1.11**　連続関数 $x(t)$ と標本化点列

$t_1, t_2, t_3, \cdots$ にする必要がある。情報損失なしにこのような変換ができるので
あろうか。答は「イエス」である。いま，離散的な時刻 $t_1, t_2, t_3, \cdots$ に対する
$x(t)$ の値，すなわち $x(t_1), x(t_2), x(t_3), \cdots$ をそれぞれ $x_1, x_2, x_3, \cdots$ とする。
このとき，ある条件を満足すれば，$x_1, x_2, x_3, \cdots$ を用いてもとの $x(t)$ が再現
できる。

　情報 $x(t)$ の中にはいろいろな周波数の成分が含まれている。フーリエ変換す
ればその成分を明らかにすることができる。理論上は無限大の周波数に対して
成分をもつものも存在するが，現実の場合を考えると成分をもつ最高周波数は
有限である。例えば，音声の場合，300 Hz から 3 kHz の周波数成分があれば話
していることが十分にわかるという。

　この最高周波数すなわち成分の中で最も速い変化の周波数を W〔Hz〕とす
るとき，$1/(2W)$〔s〕より短い間隔で $x_1, x_2, x_3, \cdots$ を取り出せば情報損失な
しに連続的時間の値から離散的時間の値に変換することができる。これを**標本
化定理**（sampling theorem）という。また，この $1/(2W)$ を**ナイキスト間隔**
（Nyquist interval）という。この標本化定理の証明は付録 **A.1** に示す。

　〔**2**〕　**量 子 化**　　この標本化された値 $x_1, x_2, x_3, \cdots$ はまだアナログ量
である。このアナログ量をディジタル量に変えるにはつぎの量子化を行えばよ
い。**図 1.12** に示すように，$x_1, x_2, x_3, \cdots$ の値の範囲が実数 0 から 8.0 としよ
う。いま，これらの実数データを四捨五入して整数にすることにする。すなわ

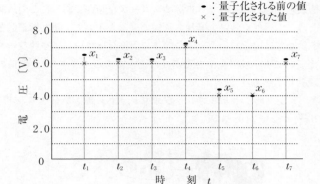

図 *1.12* 量 子 化

ち, $x_1 = 6.4 \simeq 6$, $x_2 = 6.2 \simeq 6$, $x_3 = 6.2 \simeq 6$, $x_4 = 7.2 \simeq 7$, $x_5 = 4.3 \simeq 4$, $x_6 = 3.9 \simeq 4$, $x_7 = 6.3 \simeq 6$ などのように $0,1,2,\cdots,7$ の 8 通りの離散的な値のどれかに近似することにする。このとき，2 進数なら 3 桁で表すことができる。

このように連続的な量を離散的な量に変換することを**量子化** (quantization) という。この量子化により生じるもとの情報源との間のひずみを**量子化雑音** (quantization noise) という。この量子化雑音を小さくするには，離散的な値の種類，すなわち離散的な値を 2 進数で表すときにはその桁数を増やせばよい。

けっきょく，この標本化と量子化を行うことにより A-D 変換ができたことになる。

コーヒーブレイク

門前の小僧習わぬ経を読み

できるだけ短い符号で正確に相手に情報を伝えることは，情報理論の目的の一つである。ことわざは短い言葉で相手に情報を伝えるよい手段である。

上のことわざは「お寺の近くの子供は，習いもしないのにお経を覚えてしまって，読むことができる」という意である。以下の文献は，文化系の学校しか出ていない人たちが英語の発音の研究のために，フーリエ級数やフーリエ変換を勉強

し，その結果をまとめたもので，非常にユニークな図書である。この講座は夜に
行われるため，小学生や幼児を連れて家族で来る人がいて，親たちが勉強してい
るそばで子供たちは遊んでいた。いつのまにか彼らはフーリエや角シータなどの
言葉を覚えていて小学校の先生を驚かせたそうである。まさに，「門前の小僧習
わぬ経を読み」である。

〔文献〕 トランスナショナルカレッジオブレックス編：フーリエの冒険，ヒッ
ポファミリー クラブ (1988)

2

確率論の基礎

　この章の目的は，本書を理解するための必要最小限の確率論の基礎を学ぶことである。

2.1 集　合，試　行

〔**1**〕**集　　　合**　集合 (set) とは，いくつかの対象の集まりである。対象はなんでもよい。例えば，学生の集合，英文字の集合，雲の名前の集合，高専名の集合，大学名の集合などである。

　例 2.1　数字 1, 2, 3, 4, 5, 6 の集まりも一つの集合である。この集まりを集合 A と名づけると

$$A = \{1, 2, 3, 4, 5, 6\} \tag{2.1}$$

と表される。

　対象の一つひとつを**集合の元**，または**要素** (element) という。上の例では，集合 A の要素は 1, 2, 3, 4, 5, 6 である。また，要素の集まりを中括弧でくくることにより集合が表される。

　集合には普通大文字が用いられ，要素には小文字が用いられる。例えば，x が集合 X の要素であるとすると

$$x \in X \tag{2.2}$$

と書き，x が X に属する，あるいは x が X に含まれるという。x が X の要素でない場合は

$$x \notin X \tag{2.3}$$

と書く。例 2.1 の A では，$3 \in A,\ 9 \notin A$ である。

まったく要素を含まない集合を**空集合**（empty set）といい，通常 ϕ で表す。集合 $A,\ C$ において，A に属する要素はすべて C に属し，C に属する要素はすべて A に属するときに

$$A = C \tag{2.4}$$

と書く。例 2.1 の A では，$A = C$ であるとき，$C = \{1, 2, 3, 4, 5, 6\}$ である。

例 2.2　$A = \{1, 2, 3, 4, 5, 6\}$, $B = \{1, 3, 5\}$ とすると，B の要素 1, 3, 5 はすべて A の要素であるが，A の要素のうち 2, 4, 6 は B の要素ではない。

このように集合 B の要素がすべて集合 A の要素であるとき，集合 B は集合 A の**部分集合**（subset）であるといい

$$B \subset A \quad \text{または} \quad A \supset B \tag{2.5}$$

と書く。

A 自身も A の部分集合であり

$$A \subset A \tag{2.6}$$

である。このように，部分集合 B として A も考えられることを明確にしたいときには

$$B \subseteq A \tag{2.7}$$

と書く。

例 2.2 のように，集合 B の要素が集合 A の要素であり，$B \neq A$ であるとき，集合 B は集合 A の**真部分集合**（proper subset）であるという。

任意の集合 A に対して

$$\phi \subset A \tag{2.8}$$

である。

集合 A, B に対して，A または B に属する要素からなる集合を A, B の**和集合** (sum) といい

$$A \cup B \tag{2.9}$$

で表す。

例 2.3　$A = \{1,2,3,4,5,6\}$, $B = \{1,3,5\}$, $C = \{6,7,8\}$ とすると，$A \cup B$ および $A \cup C$ はそれぞれつぎのようになる。

$$A \cup B = \{1,2,3,4,5,6\} \cup \{1,3,5\} = \{1,2,3,4,5,6\},$$
$$A \cup C = \{1,2,3,4,5,6\} \cup \{6,7,8\} = \{1,2,3,4,5,6,7,8\} \tag{2.10}$$

また，A および B に属する要素からなる集合を A, B の**積集合** (product) といい

$$A \cap B \tag{2.11}$$

で表す。例 2.3 の A, B, C の場合の集合の積集合はつぎのように計算される。

$$A \cap B = \{1,2,3,4,5,6\} \cap \{1,3,5\} = \{1,3,5\},$$
$$A \cap C = \{1,2,3,4,5,6\} \cap \{6,7,8\} = \{6\} \tag{2.12}$$

任意の集合 A, B に対して，A に属して B に属さない要素からなる集合を

$$A - B \tag{2.13}$$

で表す。これを**差集合** (difference set) という。例 2.3 の A, B, C の場合はつぎのようになる。

$$A - B = \{1,2,3,4,5,6\} - \{1,3,5\} = \{2,4,6\},$$

$$A - C = \{1,2,3,4,5,6\} - \{6,7,8\} = \{1,2,3,4,5\} \qquad (2.14)$$

$A \supset B$ のとき，$A - B$ を B の A に関する**補集合**（complementary set）という。

これら部分集合，和集合，積集合，差集合は，**図 2.1**，**図 2.2** に示すようにベン図（Venn diagram）で表すことができる。

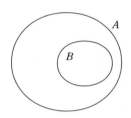

図 2.1　集合 A の部分集合 B を
表すベン図（$B \subset A$）

 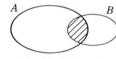 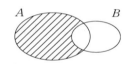

(*a*) 和集合($A \cup B$)　　　(*b*) 積集合($A \cap B$)　　　(*c*) 差集合($A - B$)

図 2.2　A と B の演算結果を表すベン図（斜線部が演算結果）

〔2〕 試　　行　　いま，一つのさいころ（**図 2.3**）を振るとしよう。こ
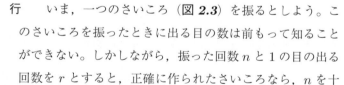
のさいころを振ったときに出る目の数は前もって知ることができない。しかしながら，振った回数 n と 1 の目の出る回数を r とすると，正確に作られたさいころなら，n を十分大きくすれば，r/n は 1/6 に近づくことが知られている。

図 2.3　さ い こ ろ

この 1/6 をさいころを振って 1 の目が出る確率とする。

このさいころ振りのような行為を**試行**（trial）という。試行の結果として起こる事柄を**事象**（event）という。

一つのさいころを振るという試行をしたときに出る目の数が偶数であるという事象は目の数が 2, 4, 6 という三つの要素をもつ集合である。

　よく切った 52 枚のトランプからカードを 1 枚引くという試行の結果，それがハートであるという事象は 13 個の要素をもつ集合である。

　硬貨を 1 枚投げて表か裏かを前もって知ることができない。したがって硬貨を 1 枚投げることも試行である。この試行の結果，表が出る事象の要素は一つである。

　ところで，二つ以上の試行を行うとき，それらの試行をまとめて一つの試行として考えることもできる。例えば，硬貨 1 枚を続けて 3 回投げることをまとめて一つの試行とすることができる。この試行の結果，表が 1 回出る事象は，裏裏表，裏表裏，表裏裏という三つの要素をもつ集合である。

　一つの試行を行うときに起こる事象についての用語を定義しよう。起こりうるすべての事柄からなる事象を全事象といい，Ω で表す。事象も集合であるから，集合のとき成り立った和集合，積集合はそのまま和事象，積事象として成り立つ。

　また，事象 A が起こらないことも事象である。これを A の**余事象**（complementary event）といい，$\bar{A}$ で表す。

例 2.4　一つのさいころを振るという試行を行うとき，1 から 6 のいずれかの目が出るから，さいころの目を $1, 2, \cdots$ を用いて表すと，全事象 Ω はつぎのように表される。

$$\Omega = \{1, 2, 3, 4, 5, 6\} \tag{2.15}$$

　また，奇数の目が出る事象を A とすると

$$A = \{1, 3, 5\} \tag{2.16}$$

である。したがって，$\bar{A}$ はつぎのようになる。

$$\bar{A} = \Omega - A = \{2, 4, 6\}$$

空事象（empty event）ϕ はけっして起こらない事象である。$\bar{\Omega} = \phi$，$\bar{A} \cap A = \phi$

であることは容易にわかるであろう。

事象 A と B があり，$A \cap B = \phi$ なるとき，A と B はたがいに**排反**（mutually exclusive）であるという。$A = \{1, 3, 5\}$ と $B = \{2, 4\}$ はたがいに排反である。また，A と $\bar{A}$ はたがいに排反であり

$$A \cup \bar{A} = \Omega \tag{2.17}$$

が成り立つ。

2.2　確　　　率

よく切った 52 枚のトランプからカードを 1 枚引くという試行の結果，それがハートである事象の確率は $13/52 = 1/4$ である。

この例のように，確率はつぎのように定義される。

定義 2.1　（確率の定義 1）

　一般に，事象 A が起こるのが，起こりうるすべての場合（n 通り）のうちの a 通りであるとき，事象 A が起こる確率 $P(A)$ を

$$P(A) = a/n \tag{2.18}$$

とする。

2.1 節で，一つのさいころを n 回振って，1 の目が出る回数を r としたとき，n を無限大に近づければ，r/n が $1/6$ に近づき，この $1/6$ をさいころを振って 1 の目の出る確率とした。これは，さいころの $1, 2, \cdots$ の目が出る可能性が等しいことから $1/6$ としても納得できることである。

定理 2.1

　事象 $A_1, A_2, A_3, \cdots$ がたがいに排反であれば，次式が成り立つ。

$$P(A_1 \cup A_2 \cup A_3 \cup \cdots) = P(A_1) + P(A_2) + P(A_3) + \cdots \quad (2.19)$$

証明 起こりうるすべての場合 n 通りのうち，$A_1, A_2, A_3, \cdots$ が起こるのが
それぞれ $a_1, a_2, a_3, \cdots$ 通りとすると，これらの事象はたがいに排反であるから，
$A_1 \cup A_2 \cup A_3 \cup \cdots$ が起こるのは $a_1 + a_2 + a_3 + \cdots$ 通りに等しい。したがって，
定理がつぎのように証明される。

$$
\begin{aligned}
P(A_1 \cup A_2 \cup A_3 \cup \cdots) &= (a_1 + a_2 + a_3 + \cdots)/n \\
&= a_1/n + a_2/n + a_3/n + \cdots \\
&= P(A_1) + P(A_2) + P(A_3) + \cdots
\end{aligned}
$$
♠

例題 2.1 硬貨を 2 枚投げたとき，表が 1 枚出る確率はいくらか。

【解答】 表が 2 枚の場合，表が 1 枚の場合，裏が 2 枚の場合の三つの場合がある
から答えは 1/3 としては誤りである。正解は（表，表），（表，裏），（裏，表），（裏，
裏）の 4 通りのうちの 2 通りであるから $2/4 = 1/2$ である。　　　　◇

この例の誤りはなぜ起こったのであろうか。確率の定義の式 (2.18) は，どの
事象が起こることも同程度に期待できるという条件のもとに成り立っている。
誤りの解答はこの条件を満足していなかったのである。確率の定義式 (2.18) は
場合の数を正確に数え上げなければならない。それが困難な場合，つぎの定義
が便利である。

定義 2.2 （確率の定義 2）

つぎの三つの公理を満足するものを，事象 A が起こる確率 $P(A)$ と定義
する。

確率の公理

(1) 任意の事象 A に対して

$$0 \leqq P(A) \leqq 1 \tag{2.20}$$

(2) $P(\Omega) = 1, \quad P(\phi) = 0 \tag{2.21}$

(3) 事象 $A_1, A_2, A_3, \cdots$ がたがいに排反であれば，次式が成り立つ。

$$P(A_1 \cup A_2 \cup A_3 \cup \cdots) = P(A_1) + P(A_2) + P(A_3) + \cdots \quad (2.22)$$

式 (2.18) で定義された確率が定義 2.2 の公理 (3) を満足していることは定理 2.1 より明らかである。また，式 (2.18) の確率が公理 (1)，(2) も満足していることを例を用いて確かめよう。

例題 2.2　一つのさいころを振るという試行を行うとき，1 から 6 のいずれかの目が出るから，さいころの目を $1, 2, \cdots$ を用いて表す。また，全事象を Ω，奇数の目が出る事象を A，偶数の目が出る事象を B，i の目が出る事象を $A_i\,(i = 1, 2, \cdots)$，すなわち，$A_1 = \{1\}$, $A_2 = \{2\}$, $A_3 = \{3\}$, $A_4 = \{4\}$, $A_5 = \{5\}$, $A_6 = \{6\}$ とする。このとき，式 (2.18) で定義された確率が定義 2.2 の公理 (1)，(2) を満足していることを確かめよ。

【解答】　起こりうるすべての場合の数が $n = 6$ であるから，確率の定義式 (2.18) より $P(A) = 3/6 = 1/2$, $P(B) = 3/6 = 1/2$, $P(A_i) = 1/6\,(i = 1, 2, \cdots, 6)$ である。したがって，与えられたすべての事象に対して，公理 (1) を満たしている。また，$A_1, A_2, A_3, A_4, A_5, A_6$ はたがいに排反であるから，$A_1 \cup A_2 \cup A_3 \cup A_4 \cup A_5 \cup A_6$ が起こる場合の数は $1 + 1 + 1 + 1 + 1 + 1 = 6$。したがって

$$P(\Omega) = P(A_1 \cup A_2 \cup A_3 \cup A_4 \cup A_5 \cup A_6)$$
$$= 6/n = 6/6 = 1$$

が得られる。したがって，公理の (2) の前半は満足している。

また，ϕ はけっして起こらない事象であるから式 (2.18) において，$a = 0$。したがって，$P(\phi) = 0$。したがって，公理の (2) の後半を満足している。けっきょく，公理 (1)，(2) を満足していることが証明された。　　　　　◇

本書では，この確率の定義 2 もしばしば用いられる。

例題 2.3　事象 A の余事象 $\bar{A}$ の確率 $P(A)$ が $1 - P(A)$ であることを証

明せよ。

証明　式 (2.17) より

$$P(A \cup \bar{A}) = P(\Omega) = 1 \qquad\qquad ①$$

また，式 (2.19) より

$$P(A \cup \bar{A}) = P(A) + P(\bar{A}) \qquad\qquad ②$$

式①，②より

$$P(A) + P(\bar{A}) = 1$$
$$\therefore P(\bar{A}) = 1 - P(A) \qquad\qquad ♠$$

例題 2.4　ある 40 名のクラスの数学の試験の結果，100 点が 1 名，90 点が 3 名，80 点が 16 名，70 点が 10 名，60 点が 8 名，50 点が 2 名であった。100 点，90 点，80 点，70 点，60 点および 50 点の相対度数をそれぞれ p_1, p_2, p_3, p_4, p_5 および p_6 とする。この各点の相対度数は確率か。

【解答】　$p_1 = 1/40, p_2 = 3/40, p_3 = 16/40, p_4 = 10/40, p_5 = 8/40, p_6 = 2/40$，$p_1 + p_2 + p_3 + p_4 + p_5 + p_6 = 1$ であるので，確率の公理の式 (2.20)〜(2.22) を満足しているのは明らかである。したがって，この相対度数は確率である。　　◇

例題 2.5　たがいに排反である事象 A_1, A_2, A_3, A_4 があり，$\Omega = \{A_1, A_2, A_3, A_4\}$ とする。いま，事象 A_1, A_2, A_3, A_4 の確率をそれぞれ $P(A_1)$, $P(A_2), P(A_3), P(A_4)$ とするとき，$P(A_1) = 0.3, P(A_2) = 0.1, P(A_3) = 0.4$ であるという。$P(A_4)$ はいくらか。

【解答】　$P(A_1) + P(A_2) + P(A_3) + P(A_4) = 1$ に題意の数値を代入して計算すると，$P(A_4) = 0.2$ が得られる。　　◇

2.3　平 均 と 分 散

〔**1**〕　**確 率 変 数**　最初に例をあげよう。

例題 2.6　硬貨を 3 回投げたとき，表の出る回数を X とすると，X は 0,
1, 2, 3 のいずれかの値をとる。それぞれの場合の確率を求めよ。

【解答】　図 **2.4** で示されているように，すべての組合せは 8 通りである。いま，
表を H，裏を T で表すと，X が 0 になるのは，TTT の 1 通りであるからその
確率は 1/8，X が 1 になるのは，TTH, THT, HTT の 3 通りであるからその
確率は 3/8，以下同様にして，X が 2 および 3 になる確率はそれぞれ 3/8 および
1/8 である。これを以下のように表すことにする。

$$P(X = 0) = 1/8, \quad P(X = 1) = 3/8,$$
$$P(X = 2) = 3/8, \quad P(X = 3) = 1/8$$

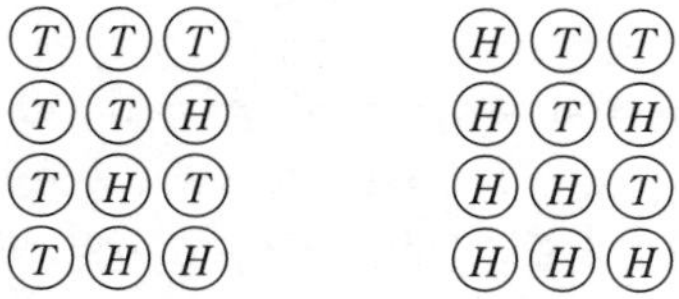

図 **2.4**　硬貨を 3 回投げたときの
表，裏の組合せ（H は表，T は
裏を表す）

$\diamondsuit$

このように，変数 X において，各値をとる確率が定まっているとき，X を**確
率変数**（random variable）という。一般に，確率変数 X が $x_1, x_2, \cdots, x_n$ な
る値をとりうるとする。X が値 x_k をとる事象を $X = x_k$ で表すとき，$X = x_k$
なるときの確率を p_k で表す。すなわち

$$P(X = x_k) = p_k, \quad k = 1, 2, \cdots, n \tag{2.23}$$

今後，簡単化のため，$P(X = x_k)$ を $P(x_k)$ と記すこともある。

$X = x_1, X = x_2, \cdots, X = x_n$ はたがいに排反な事象であるから，$p_1 + p_2 + \cdots + p_n = 1$ が成り立つ。例題 2.6 の場合でも $P(X = 0) + P(X = 1) + P(X = 2) + P(X = 3) = 1$ になっていることが確かめられる。

式 (2.23) の p_k を**確率分布**（probability distribution）という。p_k は

$$p_k \geqq 0, \quad p_1 + p_2 + \cdots + p_n = 1 \tag{2.24}$$

である。

例 2.5　例題 2.6 の場合の X の確率分布は**表 2.1** のようになる。

表 2.1　例題 2.6 の場合の X の確率分布

k	0	1	2	3
$P(X = k)$	1/8	3/8	3/8	1/8

〔**2**〕　**平　均　値**　　最初に例をあげよう。

例題 2.7　例題 2.4 の数学の試験の点数の問題を考えよう。このクラスの平均点 H を求めよ。

【解答】

$$H = (100 \times 1 + 90 \times 3 + 80 \times 16 + 70 \times 10 + 60 \times 8 + 50 \times 2)/40$$
$$= 100(1/40) + 90(3/40) + 80(16/40) + 70(10/40) + 60(8/40) + 50(2/40)$$
$$= 73.25$$

例題 2.4 で求めた p_1, p_2, p_3 などを用いて，上の 2 行目の式を表すと

$$H = 100p_1 + 90p_2 + 80p_3 + 70p_4 + 60p_5 + 50p_6$$

となる。　　　　　　　　　　　　　　　　　　　　　　　　　　　　　　　　$\diamondsuit$

この例では，各個人の試験の点数を確率変数 X とし，この X の**平均値**（mean value）を $E(X)$ で表すと，$E(X) = H$ である。この平均値を**期待値**（expected value）ともいう。

平均値をつぎのように定義する。

定義 2.3 （平均値の定義）

一般に，確率変数 X の確率分布が

$$P(X = x_k) = p_k, \quad k = 1, 2, \cdots, n \tag{2.25}$$

で与えらえているとすると，X の平均値 $E(X)$ は

$$E(X) = x_1 p_1 + x_2 p_2 + \cdots + x_n p_n \tag{2.26}$$

で表される。

X の関数 $\psi(X)$ の平均 $E[\psi(X)]$ をつぎのように定義する。

定義 2.4 （関数 $\psi(X)$ の平均値の定義）

確率変数 X の確率分布が式 (2.25) で与えられているとき，$\psi(X)$ の平均値 $E[\psi(X)]$ は

$$\begin{aligned}
E[\psi(X)] &= \psi(x_1)p_1 + \psi(x_2)p_2 + \cdots + \psi(x_n)p_n \\
&= \sum_{k=1}^{n} \psi(x_k)p_k \tag{2.27}
\end{aligned}$$

で表される。

例題 2.8　$E[aX + b] = aE[X] + b$ であることを証明せよ。ただし，X の確率分布は式 (2.25) で与えられており，a, b を定数とする。

$\boxed{\text{証明}}$　式 (2.27) を用いると，以下のように証明される。

$$\begin{aligned}
E[aX + b] &= \sum_{k=1}^{n}(ax_k + b)p_k = \sum_{k=1}^{n} ax_k p_k + \sum_{k=1}^{n} b p_k \\
&= a \sum_{k=1}^{n} x_k p_k + b \sum_{k=1}^{n} p_k = aE(X) + b
\end{aligned}$$

♠

〔**3**〕**分　　散**　**表 2.2** は加える電圧を変えてある抵抗を測定したデータである。これを図に表したものが**図 2.5** である。同じ平均値 $100\,\Omega$ であっても図 (a) と図 (b) では測定データのばらつき程度が異なる。このばらつき程度を表すパラメータがあれば便利がよい。このパラメータとして X の**分散**（variance）$V(X)$ なるものをつぎのように定義する。

表 2.2　(a)　測定データ 1（平均値 $= 100$〔Ω〕）

電圧〔V〕	1	2	3	4	5	6	7	8	9	10
抵抗〔Ω〕	98	103	100	100	102	97	98	97	100	105

(b)　測定データ 2（平均値 $= 100$〔Ω〕）

電圧〔V〕	1	2	3	4	5	6	7	8	9	10
抵抗〔Ω〕	110	100	100	113	90	88	90	100	107	102

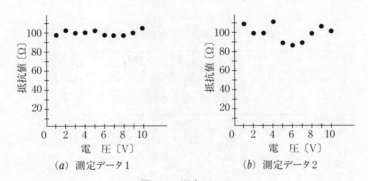

(a) 測定データ 1　　　　　(b) 測定データ 2

図 2.5　測定データ

定義 2.5　（分散の定義）

　確率変数 X の確率分布が式 (2.25) で与えられているとき，X の分散 $V(X)$ を次式で定義する。

$$V(X) = E\left[(X - \mu)^2\right] = \sum_{k=1}^{n}(x_k - \mu)^2 p_k \qquad (2.28)$$

ここで，μ は X の平均値 $E(X)$ である。また，$\sqrt{V(X)}$ を X の**標準偏差**

(standard deviation) といい, $\sigma(X)$ で表す。したがって, 分散を $\sigma^2(X)$ で表す場合もある。

例題 2.9 図 **2.5**, すなわち**表 2.2** の分散を求めよ。

【解答】 **表 2.2** から確率分布を計算した結果が**表 2.3** である。**表 2.3**(a) および (b) の場合の分散をそれぞれ $V_1(X)$ および $V_2(X)$ とすると, 式 (2.28) より, それらはつぎのように計算される。

$$V_1(X) = \sum_{k=1}^{n} (x_k - 100)^2 p_k = 6.4$$

$$V_2(X) = \sum_{k=1}^{n} (x_k - 100)^2 p_k = 66.6$$

表 2.3 (a) 測定データ 1 の確率分布

測定値 x_k	97	98	100	102	103	105
確率 p_k	2/10	2/10	3/10	1/10	1/10	1/10

(b) 測定データ 2 の確率分布

測定値 x_k	88	90	100	102	107	110	113
確率 p_k	1/10	2/10	3/10	1/10	1/10	1/10	1/10

$\diamondsuit$

分散 $V(X)$ の定義式 (2.28) をもう少し変形してみよう。

$$\begin{aligned} V(X) &= E\left[(X - \mu)^2\right] = E[X^2 - 2\mu X + \mu^2] \\ &= E[X^2] - 2\mu E(X) + \mu^2 = E[X^2] - 2\mu\mu + \mu^2 \\ &= E[X^2] - \mu^2 \end{aligned} \tag{2.29}$$

ここで, $\mu = E(X)$ である。この式はよく用いられる重要な式である。

2.4 条件つき確率

〔**1**〕 **条件つき確率** 例題 2.6 と同じように，硬貨を 3 回投げたとき，表の出る回数を X とすると，X は 0, 1, 2, 3 のいずれかの値をとる。それぞれの確率はつぎのようであった。

$$P(X = 0) = 1/8, \quad P(X = 1) = 3/8,$$
$$P(X = 2) = 3/8, \quad P(X = 3) = 1/8$$

いま，2 回目に投げた硬貨の表か裏かを表す変数を Y とし，$Y = H$ のとき表，$Y = T$ のとき裏を表すとする。このとき 2 回目が裏になる場合および 2 回目が裏でかつ表が一つの場合を**図 2.6** に示す。また

$$P(Y = T) = 1/2, \quad P(Y = H) = 1/2$$

である。

(*a*) 2回目が裏 (*T*) の場合   (*b*) 2回目が裏で表が
                                     一つの場合

図 **2.6** 条件つき確率の説明図（硬貨を
3 回投げたときの例）

さて，$X = 1$（表の出る回数が 1 回）になる事象を A，2 回目が裏 (T) になる事象を B とすると

$$P(A) = P(X = 1) = 3/8, \ P(B) = P(Y = T) = 1/2 = 4/8$$

である。事象 A と B が同時に起こる場合は，図より，TTH, HTT の 2 通りであるからその確率は

$$P(A \cap B) = 2/8$$

となる。$P(A \cap B) = P(X = 1 \cap Y = T)$ を同時確率，または**結合確率**（joint probability）という。これを $P(X = 1, Y = T)$ と記すこともある。

2回目に投げた硬貨が裏 (T) であったことを知らされたとき，$X = 1$ を当てることを考えよう。これを

$$P(\text{表の出る回数} = 1|2\text{回目に投げた硬貨が裏})$$
$$= P(X = 1|Y = T) = P(A|B)$$

と書いて，**条件つき確率**（conditional probability）と呼ぶ。2回目に投げた硬貨が裏 (T) である場合は，**図2.6**より，TTT, TTH, HTT, HTH の4通りである。この4通りのうちの TTH, HTT を当てればよいので，$P(A|B) = 2/4$ である。一般に，一つの試行を行うときに起こる事象 A, B に対して，$P(B) > 0$ のとき，事象 B が起こったという条件のもとで事象 A が起こる確率を条件つき確率といい，$P(A|B)$ で表す。これはつぎのように定義される。

定義 2.6　（条件つき確率の定義）

$$P(A|B) = P(A \cap B)/P(B), \quad P(B) > 0 \tag{2.30}$$

上の例の場合をこの式に入れて計算すると，$P(A|B) = (2/8)/(4/8) = 2/4$ となる。

〔**2**〕　**たがいに独立**　　条件つき確率の定義式 (2.30) より

$$P(A \cap B) = P(A|B)P(B) \tag{2.31}$$

である。また，A と B を入れ替えて

$$P(A \cap B) = P(B \cap A) = P(B|A)P(A) \tag{2.32}$$

となる。

　硬貨を続けて投げるとき，現在の硬貨の表かどうかは，その前に表が出たかどうかとは関係ない。したがって，現在の硬貨が表になる事象を A，1 回前の硬貨が表になる事象を B とすると

　　　P(現在の硬貨が表になる事象 |1 回前の硬貨が表になる事象)

　　　　$= P$(現在の硬貨が表になる事象)

すなわち，次式となる。

$$P(A|B) = P(A) \tag{2.33}$$

このとき，事象 A は事象 B に**独立** (independent) であるという。式 (2.33) と式 (2.31) より

$$P(A \cap B) = P(A)P(B) \tag{2.34}$$

となる。逆にこの式が成り立てば，式 (2.32) より

$$P(B|A)P(A) = P(A)P(B)$$

$$\therefore P(B|A) = P(B)$$

となる。ゆえに，B は A に独立である。このように

$$P(A \cap B) = P(A)P(B),\ P(A) > 0,\ P(B) > 0 \tag{2.35}$$

が成り立つとき，A と B とはたがいに**独立**であるという。現在および 1 回前の硬貨の表，裏を表す確率変数をそれぞれ X および Y とし，表を H，裏を T で表すとすると，以下の諸式が成り立つ。

$$P(X = T \cap Y = T) = P(X = T)P(Y = T)$$

$$P(X = T \cap Y = H) = P(X = T)P(Y = H)$$

$$P(X = H \cap Y = T) = P(X = H)P(Y = T)$$

$$P(X = H \cap Y = H) = P(X = H)P(Y = H)$$

試行の結果，得られる値のことを**標本値**（sample value）または**実現値**と呼ぶ。X および Y の実現値をそれぞれ x および y とすると上の式は

$$P(X = x \cap Y = y) = P(X = x)P(Y = y),$$

$$X = H \text{ または } T,\ y = H \text{ または } T \tag{2.36}$$

とまとめて書くことができる。

簡単化のため，$P(X = x \cap Y = y)$ を $P(x, y)$ と記すこともある。

一般に，確率変数をそれぞれ X および Y とし，X および Y の実現値をそれぞれ x および y とすると

$$P(X = x \cap Y = y) = P(X = x)P(Y = y) \tag{2.37}$$

となるとき，確率変数 X と Y はたがいに独立であるという。

例題 2.10　袋の中に赤球が 3 個，白球が 5 個入っている。この中から球を 1 個取り出す。この取り出した球を袋に戻さずにつぎにもう 1 個球を取り出すとき，赤球，赤球の順に出る確率を求めよ。

【解答】　1 回目に赤球が出る事象を A，2 回目に赤球が出る事象を B とする。事象 A，B ともに満足すればよいから

$$P(A \cap B) = P(A)P(B|A) = (3/8)(2/7) = 3/28$$

$\diamondsuit$

例題 2.11　袋の中に赤球が 3 個，白球が 5 個入っている。この中から球を 1 個取り出す。この取り出した球を袋に戻した後にもう 1 個球を取り出すとき，赤球，赤球の順に出る確率を求めよ。

【解答】　1 回目に赤球が出る事象を A，2 回目に赤球が出る事象を B とする。事象 A，B ともに満足すればよいから

$$P(A \cap B) = P(A)P(B) = (3/8)(3/8) = 9/64$$

$\diamondsuit$

2.5 マルコフ過程

〔*1*〕 確 率 過 程　　試行がつぎつぎと行われる行為を**確率過程** (stochastic process) という。例えば，さいころを投げ続ける行為である。

〔*2*〕 マルコフ過程　　いま，さいころを投げ，偶数の目が出たら記号 0 を，奇数の目が出たら記号 1 を割り当てて記録することを考えよう。さいころを投げ続けたときの記録の一例を下に示す。

① 10111000100011010100⋯

つぎに，1 回前に記録された記号によって，記号の生起する確率が変わるさいころ投げの例を考えてみよう。1 回前の記号が 0 のとき，5 の目が出たら記号 0 を，その他の目が出たら記号 1 を割り当て，1 回前の記号が 1 のとき，6 の目が出たら記号 1 を，その他の目が出たら記号 0 を割り当てることにしょう。このときの記録の二つの例を下に示す。

② 01010101011010001000101⋯

③ 101010101011010100101⋯

系列 ② および ③ はそれぞれ初期の記号が 0 および 1 の場合である。このようにある確率過程において，ある時刻 t における事象の生起する確率が直前の事象にのみ依存するとき，**単純マルコフ過程** (simple Markov process) という。時刻 t において，記号 0 または 1 をとる確率変数を X_t とすると，このさいころ投げの例の場合の X_t の確率は，下記の条件つき確率で表すことができる。

$$\left.\begin{array}{l} P(X_t = 0 | X_{t-1} = 0) = 1/6 \\ P(X_t = 1 | X_{t-1} = 0) = 5/6 \\ P(X_t = 0 | X_{t-1} = 1) = 5/6 \\ P(X_t = 1 | X_{t-1} = 1) = 1/6 \end{array}\right\} \qquad (2.38)$$

この確率は通信関係の図書などでは**遷移確率**（transition probability）ともいわれる。この遷移確率の様子を図に示したものを**シャノン線図**（Shannon diagram）という。この例のシャノン線図は**図 2.7**のようになる。図では記号 0 および 1 の各状態をそれぞれ 0 および 1 で表している。

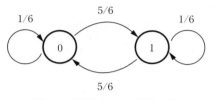

図 2.7　単純マルコフ過程の例

さらに，1 回および 2 回前に記録された記号によって，記号の生起する確率が変わるさいころ投げの例を考えてみよう。

下記の条件つき確率で表すことのできるマルコフ過程を考えよう。

$$\left.\begin{array}{l}
P(X_t = 0 | X_{t-2} = 0, X_{t-1} = 0) = 5/6 \\
P(X_t = 1 | X_{t-2} = 0, X_{t-1} = 0) = 1/6 \\
P(X_t = 0 | X_{t-2} = 0, X_{t-1} = 1) = 5/6 \\
P(X_t = 1 | X_{t-2} = 0, X_{t-1} = 1) = 1/6 \\
P(X_t = 0 | X_{t-2} = 1, X_{t-1} = 0) = 1/6 \\
P(X_t = 1 | X_{t-2} = 1, X_{t-1} = 0) = 5/6 \\
P(X_t = 0 | X_{t-2} = 1, X_{t-1} = 1) = 1/6 \\
P(X_t = 1 | X_{t-2} = 1, X_{t-1} = 1) = 5/6
\end{array}\right\} \qquad (2.39)$$

この例のシャノン線図は**図 2.8**のようになる。図において，ある状態から矢印つきの線が出ていないのはその遷移確率が 0 であることを示す。このときの記録の二つの例を以下に示す。

④　001011111110⋯

⑤　010101111011⋯

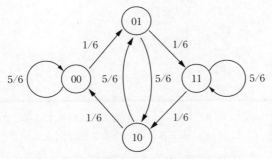

図 *2.8* 2 重マルコフ過程の例

　系列 ④ および ⑤ はそれぞれ初期の記号が 00 および 01 の場合である。この
ようにある確率過程において，ある時刻 t における事象の生起する確率が直前
の事象および 2 回前の事象に依存するとき，**2 重マルコフ過程**（second order
Markov process）という。一般的にそれより以前の時刻 $t-1, t-2, \cdots, t-M$
に依存するとき，この過程を **M 重マルコフ過程**（M-th order Markov process）
という。

2.6 ベ イ ズ の 定 理

〔**1**〕 **ベイズの定理**　　応用範囲の広い**ベイズの定理**（Bayes' theorem）を
つぎに示す。

定理 *2.2* （ベイズの定理）

　全事象 Ω が

$$\Omega = \{A_1, A_2, \cdots, A_n\} \tag{2.40}$$

で，$A_1, A_2, \cdots, A_n$ がたがいに排反な事象であるとする。条件 B なる事
象が与えられたときの事象 A_k の確率 $P(A_k|B)$ は，$P(B) > 0$，すべての
k に対して $P(A_k) > 0$ とすると

$$P(A_k|B) = \frac{P(A_k)P(B|A_k)}{\displaystyle\sum_{i=1}^{n} P(B|A_i)P(A_i)}, \quad k = 1, 2, \cdots, n \tag{2.41}$$

が成り立つ。

証明 式 (2.40) および $A_1, A_2, \cdots, A_n$ がたがいに排反であることから, $P(B) > 0$ なるある事象 B に対して, $n = 6$ の場合のベン図は図 **2.9** のようになる。

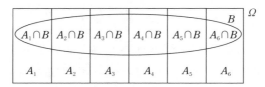

図 **2.9** 相互排反の事象 $A_1, A_2, \cdots, A_6$ と
それとは異なる事象 B のベン図

図より

$$B = (A_1 \cap B) \cup (A_2 \cap B) \cup \cdots \cup (A_n \cap B) \tag{2.42}$$

であるから

$$P(B) = P(A_1 \cap B) + P(A_2 \cap B) + \cdots + P(A_n \cap B) \tag{2.43}$$

$i = 1, 2, \cdots, n$ に対して $P(A_i) > 0$ なるとき, 右辺の各項に式 (2.32) を適用して

$$P(B) = P(B|A_1)P(A_1) + P(B|A_2)P(A_2) + \cdots + P(B|A_n)P(A_n)$$
$$= \sum_{i=1}^{n} P(B|A_i)P(A_i) \tag{2.44}$$

が得られる。式 (2.30) および式 (2.32) を用いて, $P(B) > 0$ であるとき

$$P(A_k|B) = \frac{P(A_k \cap B)}{P(B)} = \frac{P(A_k)P(B|A_k)}{P(B)}$$

さらに, 式 (2.44) を代入すると式 (2.41) が得られる。   ♠

例題 2.12 通信路の入力 X が 0 または 1, 通信路の出力 Y が 0 または 1 をとる通信路を考える。通信路には雑音があるので, $X = 0$ または 1 がそ

のまま $Y = 0$ または 1 になるとは限らない。それらの確率がつぎのように
与えられているとする。

$$P(X = 0) = 0.7, \ P(X = 1) = 0.3$$

$$P(Y = 0|X = 0) = 0.9, \ P(Y = 0|X = 1) = 0.1$$

$$P(Y = 1|X = 0) = 0.1, \ P(Y = 1|X = 1) = 0.9$$

この通信路を図 **2.10** に示す。この通信路はその形から **2元対称通信路**
（binary symmetric channel：**BSC**）と呼ばれている。このとき，出力 Y が
与えられたときの X の確率，すなわち $P(X = 0|Y = 0)$, $P(X = 1|Y = 0)$,
$P(X = 0|Y = 1)$, $P(X = 1|Y = 1)$ を求めよ。

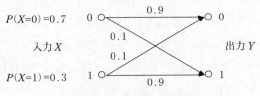

図 **2.10**　2元対称通信路

【解答】　ベイズの定理を用いればよい。式 (2.41) の右辺の分母を求めると

$$P(Y = 0) = P(Y = 0|X = 0)P(X = 0)$$
$$+P(Y = 0|X = 1)P(X = 1)$$
$$= 0.9 \times 0.7 + 0.1 \times 0.3 = 0.66$$
$$P(Y = 1) = P(Y = 1|X = 0)P(X = 0)$$
$$+P(Y = 1|X = 1)P(X = 1)$$
$$= 0.1 \times 0.7 + 0.9 \times 0.3 = 0.34$$

となるので，式 (2.41) より各確率がつぎのように求められる。

$$P(X = 0|Y = 0) = \frac{P(Y = 0|X = 0)P(X = 0)}{P(Y = 0)}$$
$$= 0.9 \times 0.7/0.66 \simeq 0.95$$

$$P(X = 1|Y = 0) = \frac{P(Y = 0|X = 1)P(X = 1)}{P(Y = 0)}$$
$$= 0.1 \times 0.3/0.66 \simeq 0.05$$
$$P(X = 0|Y = 1) = \frac{P(Y = 1|X = 0)P(X = 0)}{P(Y = 1)}$$
$$= 0.1 \times 0.7/0.34 \simeq 0.21$$
$$P(X = 1|Y = 1) = \frac{P(Y = 1|X = 1)P(X = 1)}{P(Y = 1)}$$
$$= 0.9 \times 0.3/0.34 \simeq 0.79 \qquad \diamondsuit$$

この例の $P(X = 0)$, $P(X = 1)$ は Y を受け取る前にわかっている確率なので**事前確率**（a priori probability）と呼ばれる。これに対して，$P(X = 0|Y = 0)$ などは，Y を受け取った後に計算されるものであるから**事後確率**（a posteriori pribability）と呼ばれる。この事後確率は Y を受け取った後に入力を推定するときに有効なものである。また，$P(X = 0)$ および $P(X = 1)$ は入力 X として 0 および 1 が生起する確率であるので，生起確率とも呼ばれる。

ベイズの定理の式 (2.41) において，$P(A_k)$ が事前確率（生起確率），$P(A_k|B)$ が事後確率である。先ほども述べたが，ベイズの定理は出力を受け取ったときに入力を推定するのに有効な計算式を与えるものである。

〔**2**〕　**大数の法則**　　**2.1** 節〔2〕項の試行のところで述べたことを思い起こそう。一つのさいころを n 回振って 1 の目の出る回数を r とすると，正確に作られたさいころなら，n を十分大きくすれば，r/n は 1/6 に近づくと述べた。

確率の定義式 (2.18) によれば，このさいころを振って 1 の目が出る確率は 1/6 である。すなわち，試行の回数を十分大きくすれば，相対度数 r/n はその確率に近くなることがほとんど確かであることが数学的に証明されている。これを**大数の法則**（law of large number）という。

〔**3**〕　**記号のまとめ**　　この章で用いられた記号のまとめを以下に示す。

ϕ：空集合または空事象（まったく要素を含まない集合または事象）

Ω：全事象（起こりうるすべての事柄からなる事象）

$\bar{A}$：A の余事象（事象 A が起こらない事象）

$P(A)$：事象 A が起こる確率

$P(X = x_k)$：確率変数 X が値 x_k をとる事象を $X = x_k$ で表すとき，$X = x_k$
　　なるときの確率。簡単化のため，これを $P(x_k)$ と記すこともある。

$E(X)$：確率変数 X の平均

$$E(X) = \sum_{k=1}^{n} x_k p_k$$

　　ここで，$P(X = x_k) = p_k,\ k = 1, 2, \cdots, n$ である。

$V(X)$：確率変数 X の分散

$$V(X) = E\left[(X - \mu)^2\right] = \sum_{k=1}^{n}(x_k - \mu)^2 p_k$$

　　ここで，$\mu = E(X),\ P(X = x_k) = p_k,\ k = 1, 2, \cdots, n$ である。

$P(X = x_k, Y = y_k) = P(X = x_k \cap Y = y_k)$：確率変数 X および Y がそれ

コーヒーブレイク

確率論はギャンブルから始まった

　パスカルが友人にギャンブル（さいころゲーム）の賭け金のことで尋ねられた
のが確率論の始まりとされている。確率論がわかれば，ギャンブルで損をしない?

ぞれ x_k および y_k となる確率で，同時確率または結合確率。簡単化のためこれを $P(x_k, y_k)$ と記すこともある。

$P(X = x_k | Y = y_k)$：$Y = y_k$ が与えられたとき，$X = x_k$ となる条件つき確率。簡単化のためこれを $P(x_k | y_k)$ と記すこともある。

演 習 問 題

【1】 硬貨 1 枚を続けて 3 回投げることをまとめて一つの試行とし，この試行の結果，表が 2 回出る事象の要素を述べよ。

【2】 よく切った 52 枚のトランプからカードを 1 枚引くという試行の結果，ハートが出る事象を A，奇数が出る事象を B，偶数が出る事象を C とするとき，つぎの演算結果はどんな事象になるか。

$$A \cup B, \ A \cup C, \ A \cap B, \ A \cap C, \ \Omega - A, \ \Omega - B$$

【3】 100 万枚発売した宝くじのうち，2 等は 100 本あるという。宝くじを 1 枚買って，2 等が当たる確率はいくらか。

【4】 4 枚の硬貨を投げるとき，1 枚だけ表が出る確率はいくらか。

【5】 4 枚のくじのうち，1 枚だけ当たりくじがある。最初にくじを引くときと最後にくじを引くときのそれぞれの当たりくじを引く確率を求めよ。

【6】 一つのさいころを振るという試行を行うとき，1 から 6 までのいずれかの目が出るから，$1, 2, \cdots, 6$ を用いて，さいころの目を表すとする。また，$A = \{1, 3, 5\}$，$B = \{6\}$ とするとき，$P(A \cup B) = P(A) + P(B)$ を満足していることを確かめよ。

【7】 二つのさいころを振ったとき，出る目の和 X の確率分布を表に示せ。

【8】 二つのさいころを同時に振り，出る目の和の平均値を求めよ。

【9】 $E[aX^2 + bX + c] = aE[X^2] + bE(X) + c$ であることを証明せよ。ただし，a, b, c は定数とし

$$P(X = x_k) = p_k, \ k = 1, 2, \cdots, n$$

とする。

【10】 さいころを 1 回振って，1 あるいは 6 の目が出たとき 30 点，その他の目が出たとき 3 点もらえるゲームがある。1 回のさいころを振ってもらえる得点の平均と分散を求めよ。

【11】 よく切ったトランプ 52 枚から 1 枚を引き抜くとき，その札がエースである事象を A，スペードである事象を B とする。その引き抜かれた札がスペードであることを知らされた後に，エースである確率 $P(A|B)$ は 1/13 である。このことを式 (2.30) を用いて確かめよ。

【12】 ある学科の，ある年度の外国人留学生の数をまとめたのが**表 2.4** である。この学科の学生をまったくでたらめに選ぶとき，この学生が 3 年生である事象を A，この学生が外国人留学生でない事象を B とする。このとき，$P(A)$, $P(B)$, $P(A \cap B)$, $P(A|B)$ および $P(B|A)$ を求めよ。

表 2.4　ある学科のある年度の
在籍学生数と留学生数

学　年	3 年	4 年	5 年
在籍学生数〔名〕	45	38	37
留学生数〔名〕	5	2	1

【13】 袋の中に赤球が 3 個，白球が 5 個入っている。この中から球を 1 個取り出す。この取り出した球を袋に戻さずにつぎにもう 1 個球を取り出すとき，白球，赤球の順に出る確率を求めよ。

【14】 数学の成績と電気基礎の成績は相関がある。いま，あるクラスの 1/4 の者が数学の成績が優秀であった。そのうちの 9/10 の者が電気基礎の成績も優秀である。また，数学の成績が優秀でない者のうち 2/7 のものは電気基礎は優秀であった。このクラスの者で，電気基礎の成績が優秀な者の割合はいくらか。

【15】 ある高専の 45 名の x 組には留学生が 5 名，35 名の y 組には留学生が 2 名いる。いま，まったくでたらめにある 1 名の学生を選ぶことにする。その学生が留学生であるとき，その学生が x 組である確率を求めよ。

3

情報源符号化

本章の目的はつぎの二つである。

目的 1.　情報源のディジタル情報を効率よく符号化してコンピュータに記
憶させたり，相手の人に送ったりする方法を調べること。

目的 2.　情報源符号化の限界を明らかにすること。

3.1　情報源のモデル

〔**1**〕　**情報源記号**　　**1.2** 節で述べたように，英文を相手の人に送る場合，あ
るいは英文をコンピュータに記憶させる場合，その英文を考え出す人間を情報
源という。この情報源は人間以外のもの，例えば新聞，雑誌，テレビなどでも
よい。この英文は，大文字，小文字のアルファベット，スペース，カンマ，ピ
リオドなど，約 60 種類の有限個のものから成り立っている。したがって，この
英文はディジタル情報である。

情報理論で扱うディジタル情報は英文でなくてもよい。ある高専のあるクラ
スの学生の成績でもよい。また **1.3** 節の図 **1.12** で述べた音声データでもよい。

図 **1.12** の場合は，電圧 $0, 1, \cdots, 7$〔V〕の 8 種類のものから成り立ってい
る。この 8 種類や，英文の場合の大文字，小文字のアルファベットなど約 60 種
類のものを**情報源記号**（source symbol）と呼び

$$a_1, a_2, \cdots, a_M$$

で表す。図 **1.12** の音声データの例では，$M = 8$ で，$a_1 = 0, a_2 = 1, \cdots, a_8 = 7$
である。

情報源記号の他の例をあげよう。**2.3**節の例題 2.6 では, $M = 4$ で, $a_1 =$ 表が 0 枚, $a_2 =$ 表が 1 枚, $a_3 =$ 表が 2 枚, $a_4 =$ 表が 3 枚となる。

〔**2**〕 **無記憶離散的定常情報源**　　前述の例のようなさいころ振りの場合, 各回に出るさいころの目はたがいに独立であるので, **無記憶情報源** (memoryless source) という。さらに, さいころ振りの場合, 目の種類が六つであるので**離散的** (discrete), 各目 i $(i = 1, 2, \cdots, 6)$ の出る確率が, 情報源記号系列の最初から最後までいつも 1/6 であるので**定常** (stationary) という。

けっきょく, 前述の例のさいころ振りのような場合を**無記憶離散的定常情報源**という。以下, 簡単のため単に情報源というとこの無記憶離散的定常情報源を示すことにする。

〔**3**〕 **情報源のモデル**　　表 **1.1** であげた例において, 符号 C_1 より符号 C_2 のほうが全体として短い系列に変換できることを考えると, 情報源を表すのに, 情報源記号とその生起確率を用いればよいことに気づくであろう。したがって, 一般的に, 情報源記号を $a_1, a_2, \cdots, a_M$, それらの生起確率を $p_1, p_2, \cdots, p_M$ とするとき, 情報源 S を以下のように表すことにする。

$$S = \begin{pmatrix} a_1, & a_2, & \cdots, & a_M \\ p_1, & p_2, & \cdots, & p_M \end{pmatrix} \tag{3.1}$$

ここで

$$\sum_{i=1}^{M} p_i = 1, \quad p_i \geqq 0 \tag{3.2}$$

である。つまり, 情報源 S は, 確率分布が与えられた情報源記号の集合と考えられる。情報源記号の数 M を明確にしたいときは, 式 (3.1) で表されるものを M 元情報源と呼ぶ。

3.2　エントロピー, 情報量

〔**1**〕 **情　報　量**　　**1.1** 節で, 「犬が人をかんでもニュースにならないが, 人が犬をかんだらニュースになる」ことを述べた。これは発生確率 (生起確率)

が小さいことが発生したときのほうがその確率が大きいことが発生したときよりニュース価値が大きいことを示している。したがって，発生確率 P が小さいほどその値が大きくなる（変数 P に対する単調減少関数）のように**情報量**（information content）を定義する必要がある。

よく切った 52 枚のトランプからカードを 1 枚引くという試行の結果，ハートの 7 が出る事象を情報源記号 A，ハートが出る事象を情報源記号 B，7 が出る事象を情報源記号 C とする。このとき，事象 A は事象 B と C に分けることができる。その様子を**図 3.1** に示す。

いま，情報源記号 A，B および C の情報量を I_A, I_B および I_C とすると，情報源記号 A なる情報は情報記号 B なる情報と C なる情報が加わったことであるから

C		◇	♠	♡	♣
	ACE				
	2				
	3				
	4				
	5				
	6				
	7			A	
	8				
	9				
	10				
	JACK				
	QUEEN				
	KING				

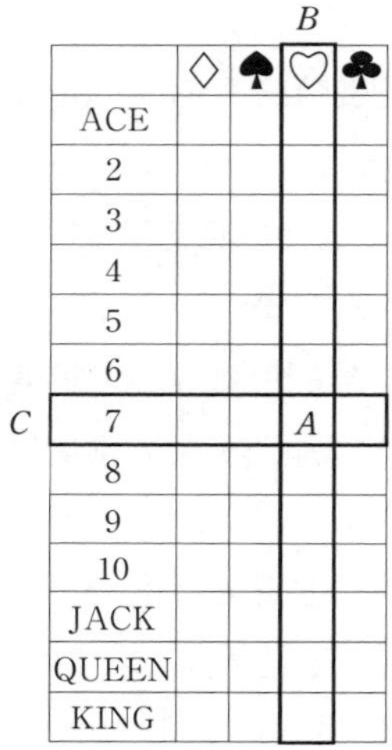

図 3.1　情報源記号 A, B, C の説明図（$A:♡$ の 7，$B:♡$，$C:7$）

$$I_A = I_B + I_C \tag{3.3}$$

が成り立つように情報量を定義する必要がある。また

$$P(B) = 13/52 = 1/4, \quad P(C) = 4/52 = 1/13$$

であるから

$$P(A) = P(B \cap C) = P(B)P(C) = (1/4)(1/13) = 1/52$$

となる。この計算を参考にすると，確率の積が式 (3.3) のように加法になるように情報量を定義する必要があることがわかるであろう。このことと P の単調減少関数から情報量 I をつぎのように定義することにする。

定義 3.1　（情報量の定義）

生起確率 P なる情報源記号（事象）を受け取ったとき

$$I = -\log_2 P \quad 〔ビット〕 \tag{3.4}$$

または

$$I = -\log_e P \quad 〔ナット〕 \tag{3.5}$$

なる情報を受け取ったことにする。

ビット（bit）は binary unit の略，ナット（nat）は natural unit の略である。両者の違いは単に単位の違いだけである。普通はビットが用いられるが，微分，積分の計算のときにはナットが便利である。

例題 *3.1* 　生起確率 $0.5 = 1/2$ および $0.125 = 1/8$ の場合の情報量をそれぞれ I_1 および I_2 とするとき，I_1 および I_2 を求め，両者を比較せよ。

【解答】

$$I_1 = -\log_2(1/2) = \log_2 2 = 1 \quad 〔ビット〕$$
$$I_2 = -\log_2(1/8) = \log_2 8 = 3 \quad 〔ビット〕$$

生起確率 $1/2$ の 3 乗が $1/8$ であるのに対し，生起確率 $1/8$ の情報量 I_2 が生起確率 $1/2$ の情報量 I_1 の 3 倍になっていることがわかる。　　　　　　　$\diamondsuit$

〔2〕 **エントロピー**　　式 (3.4) あるいは式 (3.5) を用いて，確率をもつ一つの情報源記号（事象）を受け取ったときの情報量を定義した。

あるクラスの試験結果の成績を簡単に表すパラメータとしてクラスの平均点がある。したがって，情報源全体がもっている情報量を表すパラメータとして，情報源の平均情報量を考えよう。式 (3.1) で表される無記憶離散的定常情報源 S の**平均情報量**（average information content）$H(S)$ は，式 (2.27) を用いて，次式で表される。

$$H(S) = -\sum_{i=1}^{M} p_i \log_2 p_i \quad 〔ビット / 情報源記号〕 \tag{3.6}$$

この式は，熱力学におけるエントロピーと類似しているので，$H(S)$ を**エントロピー**（entropy）と呼ぶ。

例題 3.2 つぎのような情報源 S の平均情報量（エントロピー）$H(S)$ を求めよ。

$$S = \begin{pmatrix} a_1, & a_2, & a_3 \\ 1/2, & 1/3, & 1/6 \end{pmatrix} \tag{3.7}$$

【解答】 式 (3.6) より

$$
\begin{aligned}
H(S) &= -(1/2)\log_2(1/2) - (1/3)\log_2(1/3) - (1/6)\log_2(1/6) \\
&= (1/2)\log_2 2 + (1/3)\log_2 3 + (1/6)\log_2 6 \\
&\simeq (1/2) + (1/3) \times 1.585 + (1/6)(\log_2 2 + \log_2 3) \\
&\simeq (1/2) + (1/3) \times 1.585 + (1/6) \times 2.585 \\
&= 1.459 \quad 〔ビット / 情報源記号〕 \qquad \diamond
\end{aligned}
$$

例題 3.3 つぎのような情報源 S の平均情報量（エントロピー）$H(S)$ を求めよ。

$$S = \begin{pmatrix} a_1, & a_2, & a_3 \\ 1/3, & 1/3, & 1/3 \end{pmatrix} \tag{3.8}$$

【解答】 式 (3.6) より

$$
\begin{aligned}
H(S) &= -(1/3)\log_2(1/3) - (1/3)\log_2(1/3) - (1/3)\log_2(1/3) \\
&= (1/3)\log_2 3 + (1/3)\log_2 3 + (1/3)\log_2 3 \\
&\simeq 3 \times (1/3) \times 1.585 = 1.585 \quad 〔ビット / 情報源記号〕 \qquad \diamond
\end{aligned}
$$

〔**3**〕 **エントロピーの意味** エントロピーは情報源の平均情報量を表すことを上で述べた。エントロピーはまた**情報源のあいまいさ**も表している。以下にこれについて述べよう。

まず，次式で示される 2 元情報源を考えよう。

$$S = \begin{pmatrix} a_1, & a_2 \\ p, & 1-p \end{pmatrix} \tag{3.9}$$

この情報源 S のエントロピー $H(S)$ は次式のようになる。

$$H(S) = -p \log_2 p - (1-p) \log_2(1-p) \quad 〔\text{ビット / 情報源記号}〕$$

$$(3.10)$$

この $H(S)$ は情報源記号 a_1 の生起確率 p の関数になっている。このことを明確にするために, ここでは, この $H(S)$ を $H(p)$ と書き直しておく。p を変化させるとき, この情報源 S のエントロピー $H(p)$ を図に表してみよう。極値を求めるために

$$\frac{d}{dp} \log_2 p = \frac{d}{dp} \frac{\log_e p}{\log_e 2} = \frac{1}{\log_e 2} \frac{1}{p} \tag{3.11}$$

$$\frac{d}{dp} \log_2(1-p) = \frac{d}{dp} \frac{\log_e(1-p)}{\log_e 2} = \frac{1}{\log_e 2} \frac{-1}{1-p} \tag{3.12}$$

を用いて, $dH(p)/dp = 0$ を計算すると $p = 1/2$ となる。$p = 1/2$ のとき, $H(p) = 1$ である。

また, $p \to 0$ のとき $p \log_2 p \to 0$ かつ $(1-p) \log_2(1-p) \to 0$, $p \to 1$ のとき $(1-p) \log_2(1-p) \to 0$ かつ $p \log_2 p \to 0$ である。

これらの結果を用いて得られたのが**図 3.2**である。

図において, 情報源記号 a_1 の生起確率 p が 0 および 1 のとき, すなわち情報源記号 a_1 と a_2 のどちらが発生するか前もってわかっている場合, $H(p)$ すなわち $H(S)$ は 0 で最小である。また, $p = 1/2$ のとき, すなわち a_1 と a_2 のどちらが発生するか前もってまったくわからない場合, $H(p)$ すなわち $H(S)$ は最大である。

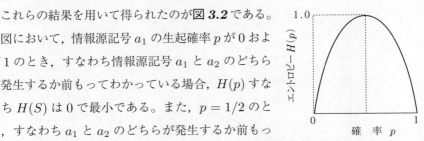

図 3.2 2 元情報源のエントロピー

また, 3 元情報源の例題 3.2 と 3.3 を比べれば, 三つの情報源記号が同じ確率である例題 3.3 のほうがエントロピーが大きいことがわかる。

さらに, 式 (3.1) の M 元情報源 S のエントロピー $H(S)$ の値の範囲を考えよう。その準備の一つとして定理を一つ述べておこう。

定理 3.1

二組の確率分布 $p_1, p_2, \cdots, p_M$ と $q_1, q_2, \cdots, q_M$ に対して

$$-\sum_{i=1}^{M} p_i \log_2 p_i \leqq -\sum_{i=1}^{M} p_i \log_2 q_i \qquad (3.13)$$

なる不等式が成立する。ただし，等号は $p_i = q_i$ $(i = 1, 2, \cdots, M)$ のとき
のみ成立する。

証明　図 3.3 より

$$\log_e x \leqq x - 1, \quad x \geqq 0 \qquad (3.14)$$

ただし，等号は $x = 1$ のときのみに成立する。$p_i = 0$ になる項は式 (3.13) の両
辺から除いて考えればよいから，$p_i > 0$ $(i = 1, 2, \cdots, M)$ とする。また，確率
分布の性質，式 (2.24) より，$q_i/p_i > 0$ $(i = 1, 2, \cdots, M)$ とする。したがって，
式 (3.14) より

$$\log_e(q_i/p_i) \leqq (q_i/p_i) - 1 \qquad (3.15)$$

が成り立つ。ただし，等号は $q_i = p_i$ $(i = 1, 2, \cdots, M)$ のときのみ成立する。
　式 (3.15) を用いて

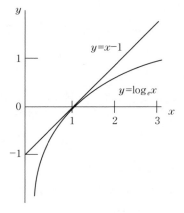

図 3.3　不等式 $\log_e x \leqq x - 1$
を表すグラフ

$$-\sum_{i=1}^{M} p_i \log_2 p_i + \sum_{i=1}^{M} p_i \log_2 q_i = \sum_{i=1}^{M} p_i \log_2 (q_i/p_i)$$

$$= \frac{1}{\log_e 2} \sum_{i=1}^{M} p_i \log_e (q_i/p_i) \leqq \frac{1}{\log_e 2} \sum_{i=1}^{M} p_i (q_i/p_i - 1)$$

$$= \frac{1}{\log_e 2} \sum_{i=1}^{M} (q_i - p_i) = \frac{1}{\log_e 2} \left(\sum_{i=1}^{M} q_i - \sum_{i=1}^{M} p_i \right) \qquad (3.16)$$

となる。しかし，p_i および q_i はともに確率分布であるから

$$\sum_{i=1}^{M} q_i = 1, \quad \sum_{i=1}^{M} p_i = 1 \qquad (3.17)$$

式 (3.16)，(3.17) より

$$-\sum_{i=1}^{M} p_i \log_2 p_i + \sum_{i=1}^{M} p_i \log_2 q_i \leqq 0 \qquad (3.18)$$

となる。けっきょく

$$-\sum_{i=1}^{M} p_i \log_2 p_i \leqq -\sum_{i=1}^{M} p_i \log_2 q_i$$

となり，定理が証明された。　　　　　　　　　　　　　　　　　　　♠

定理 3.1 を用いると，つぎの定理を容易に得ることができる。

定理 3.2　つぎの M 元情報源 S があるとする。

$$S = \begin{pmatrix} a_1, & a_2, & \cdots, & a_M \\ p_1, & p_2, & \cdots, & p_M \end{pmatrix} \qquad (3.19)$$

ここで

$$\sum_{i=1}^{M} p_i = 1, \quad p_i \geqq 0 \qquad (3.20)$$

この M 元情報源 S のエントロピー $H(S)$ 〔ビット / 情報源記号〕はつぎの不等式を満足する。

$$0 \leqq H(S) \leqq \log_2 M \qquad (3.21)$$

ここで, $H(S) = 0$ となるのは, ある k に対して

$$p_i = \begin{cases} 1, & i = k \\ 0, & i \neq k \end{cases} \tag{3.22}$$

のときである。また, $H(S) = \log_2 M$ となるのは

$$p_i = 1/M, \quad i = 1, 2, \cdots, M \tag{3.23}$$

のときである。

証明 式 (3.22) が成立する場合, 式 (3.6) より

$$H(S) = 0 \tag{3.24}$$

となる。式 (3.22) の場合以外のとき, $p_i \neq 0, p_i \neq 1$ としてよいので

$$0 < p_i < 1, \quad i = 1, 2, \cdots, M \tag{3.25}$$

となる。この場合

$$p_i \log_2 p_i < 0, \quad i = 1, 2, \cdots, M$$

であるので, 式 (3.6) より

$$H(S) > 0 \tag{3.26}$$

となる。定理 3.1 において

$$q_i = 1/M, \quad i = 1, 2, \cdots, M$$

とおくと, つぎの不等式が成立する。

$$-\sum_{i=1}^{M} p_i \log_2 p_i \leqq -\sum_{i=1}^{M} p_i \log_2 (1/M) = \log_2 M \sum_{i=1}^{M} p_i = \log_2 M$$

ゆえに

$$H(S) \leqq \log_2 M \tag{3.27}$$

ここで, 等号が成立するのは, $p_i = q_i = 1/M$ すなわち式 (3.23) のときである。
式 (3.24), (3.26), (3.27) より定理が証明された。 ♠

式 (3.9) の 2 元情報源の場合，例題 3.2 および例題 3.3 の 3 元情報源の場合，定理 3.2 の M 元情報源の場合，すべての場合において，確率分布の各確率がすべて等しいとき，すなわちその情報源からどの情報源記号が生起するか最も予測できないときエントロピーが最も大きいことがわかる。したがって，エントロピーは情報源のあいまいさを表している考えることができる。

このようにエントロピーは，① 平均情報量と ② 情報源のあいまいさの二つの意味をもっている（図 3.4）。

図 3.4 情報源 S のエントロピー $H(S)$ の意味

〔4〕冗 長 度 定理 3.2 で示されたように，M 元情報源 S のエントロピー $H(S)$ は，その情報源記号が等確率で生起するときに最大 $\log_2 M$ となる。しかしながら，実際の場合その情報源記号，例えば英文における英文字が等確率で生起することは少ない。

そこでまず，$H(S)/\log_2 M$ を考えよう。これは，M 個の情報源記号で表される最大の平均情報量に対するこの情報源 S がもつ平均情報量の割合である。M が一定とすると，この値が 1 より小さければ小さいほど，この情報源 S の平均情報量が小さい，すなわち 1 情報源記号当りの情報量が小さくなり，むだが多いことになる。この割合を用いて，むだの程度を表す冗長度（relative redundancy）をつぎに定義しよう。

定義 3.2 （冗長度の定義）

$$r(S) = 1 - \frac{H(S)}{\log_2 M} \tag{3.28}$$

定義 3.2 の $H(S)$ の範囲を表す式 (3.21) より，次式が成り立つことは明らかである。

$$0 \leqq r(S) \leqq 1 \tag{3.29}$$

例題 3.4   例題 3.2 の場合の冗長度 $r(S)$ を求めよ。

【解答】 $r(S) = 1 - 1.459/1.585 = 0.0795$ ◇

英文を無記憶情報源と考えると，その中で用いられる英文字 26 個と空白 1 個の計 27 個の確率分布が**表 3.1**[3] で与えられる。よく使われる文字などの順番としては，空白，E，T，A，O，I，N などになっていることがわかる。また，$r(S)$ は 0.152 である[3]。例題 3.4 に比べて冗長度が大きいことがわかる。

　冗長度はまったくむだなものだろうか。そうではない。例えば極端な話，$r(S)$

表 3.1   英語のアルファベットおよび空白の頻度[3]

文　字	頻　度〔%〕	文　字	頻　度〔%〕
空白	18.59	N	5.72
A	6.42	O	6.32
B	1.27	P	1.52
C	2.18	Q	0.08
D	3.17	R	4.84
E	10.31	S	5.14
F	2.08	T	7.96
G	1.52	U	2.28
H	4.67	V	0.83
I	5.75	W	1.75
J	0.08	X	0.13
K	0.49	Y	1.64
L	3.21	Z	0.05
M	1.98		

がほとんど 1 に近い場合（冗長度が非常に大きい場合），すなわちある情報源記号 a_k の生起確率が 1 に近い場合を考えよう。この場合，実際に生起した情報源記号を知らなくても，それは a_k であると予測してほとんど間違いがない。人の話は冗長度が大きい。したがって，話をぼんやり聞いていても理解できるのである。余談であるが，コンピュータのプログラム作成を苦手とする学生がいるが，プログラム言語にこの冗長度が少ないことが原因の一つだと思われる。

3.3　平 均 符 号 長

〔**1**〕　**平均符号長**　　1.2節の表 **1.1** の符号 C_1 および C_2 において，0, 1, 01, 1, 10, 0 をそれぞれ**符号語**（codeword）と呼ぶ。また，**1.2**節でも述べたように符号語の集合 $C_1 = \{0, 1, 10\}$，$C_2 = \{1, 10, 0\}$ を**符号**（code）と呼ぶ。さらに，符号を構成する記号の集合を**符号アルファベット**，その構成要素を符号アルファベットの元（要素）と呼ぶ。表 **1.1** の場合，$\{0, 1\}$ が符号アルファベットであり，0 および 1 がそれぞれ符号アルファベットの元である。

　符号アルファベットの元の数が q 個の元を q 元符号という。表 **1.1** の符号 C_1 および C_2 は，符号アルファベットの元の数が 0, 1 の 2 個なので，2 元符号である。

　符号語を構成する符号アルファベットの元の数を**符号長**（code length）という。その単位は〔ビット〕である。0 および 1 はともに符号長 1 ビットであり，10 は符号長 2 ビットである。

　つぎの M 元情報源 S を考える。

$$S = \begin{pmatrix} a_1, & a_2, & \cdots, & a_M \\ p_1, & p_2, & \cdots, & p_M \end{pmatrix} \qquad (3.30)$$

S の $a_1, a_2, \cdots, a_M$ に対する符号語の長さ（符号長）がそれぞれ $\tau_1, \tau_2, \cdots, \tau_M$ であるとすると，その**平均符号長** L は次式で示される。

$$L = p_1\tau_1 + p_2\tau_2 + \cdots + p_M\tau_M \quad \text{〔ビット / 情報源記号〕} \qquad (3.31)$$

本章の最初に述べた目的 1. の効率のよい符号化とは，この平均符号長をでき
るだけ短くすることであり，目的 2. はこの平均符号長を短くできる限界を理論
的に明らかにすることである。

〔**2**〕　**効率のよい符号化**　　最初に，情報の種類が 60 種類とか 8 種類では
多すぎるので，3 種類の場合（3 元情報源）を例にとってディジタル情報を効率
よくコンピュータに記憶させる方法とはどういうことか述べてみよう。

例 3.1　　いまここに，情報を記憶させたり，取り出したりするときに，誤り
が全然発生しないコンピュータがあるとしよう。このコンピュータにディ
ジタル情報を記憶させ，取り出す場合を考える。

　例えば，さいころを続けて振ってその目が 1, 2, 3 のどれかであれば a_1,
4, 5 のどちらかであれば a_2, 6 であれば a_3 と記すことにし，その系列，例
えば $a_1 a_3 a_1 a_1 a_2 a_3 a_1 a_2 \cdots$ をコンピュータに記憶させ，取り出す場合を考
えよう。

　この場合，情報源記号は a_1, a_2, a_3 の 3 種類であり，その発生する確率
（生起確率）は**表 3.2** で示されるものとなる。この場合，通信路は 0, 1 の
みですべて処理するコンピュータであり，このような通信路を 2 元通信路
と呼ぶ。

表 3.2　情報源符号の例 (1)

情報源記号	確　率	符号 C_3	符号 C_4
a_1	1/2	00	1
a_2	1/3	01	01
a_3	1/6	10	001

　復号することも考慮に入れて，情報源記号 a_1, a_2, a_3 を 0, 1 で表す二つ
の符号，符号 C_3 と符号 C_4 を表に示す。

(*a*)　符号 C_3 の場合

この場合，a_1, a_2, a_3 ともに符号長が同じ 2 ビットの符号語を割り当てる。こ

の場合

① $a_1 a_3 a_1 a_1 a_2 a_3 a_1 a_2 \cdots$

なる情報源記号系列に対して

② 0010000001100001 $\cdots$

と符号化される。符号 C_3 では符号長が同じ 2 ビットなので，②の符号系列は下記のように簡単に復号することができる。

$$\Bigg(\quad \begin{array}{lcccccccc} ② & 00/ & 10/ & 00/ & 00/ & 01/ & 10/ & 00/ & 01/ & \cdots \\ & a_1/ & a_3/ & a_1/ & a_1/ & a_2/ & a_3/ & a_1/ & a_2/ & \cdots \end{array}$$

(b) 符号 C_4 の場合

この場合，生起確率の高い情報源記号に対して短い符号語を割り当てる。この場合，①なる情報源記号に対して

③ 10011101001101 $\cdots$

と符号化される。

符号 C_4 では符号語の最後に 1 が必ず入っているので，この場合も③の符号語系列は下記のように復号は簡単である。

$$\Bigg(\quad \begin{array}{lcccccccc} ③ & 1/ & 001/ & 1/ & 1/ & 01/ & 001/ & 1/ & 01/ & \cdots \\ & a_1/ & a_3/ & a_1/ & a_1/ & a_2/ & a_3/ & a_1/ & a_2/ & \cdots \end{array}$$

この符号 C_3 と C_4 のどちらが効率のよい符号化法であろうか。

符号 C_3 の場合の平均符号長は求めるまでもなく 2〔ビット/情報源記号〕である。符号 C_4 の場合の平均符号長は

$1 \times (1/2) + 2 \times (1/3) + 3 \times (1/6) = 5/3$〔ビット/情報源記号〕

である。けっきょく，符号 C_4 の場合のほうが平均符号長が小さいので符号 C_3 の場合より効率のよい符号化といえる。

〔**3**〕 **一意復号可能な符号**   **1.2** 節の表 **1.1** の符号化法をこの節の**表 3.2** の情報源に適用する。符号 C_1 は単純に上から 0, 1, 10 を割り振る方法，符号 C_2 は確率の大きいものから順に 0, 1, 10 を割り振る方法であるので，**表 3.3** のようになる。

表 3.3 情報源符号の例 (2)

情報源記号	確 率	符号 C_1	符号 C_2
a_1	1/2	0	0
a_2	1/3	1	1
a_3	1/6	10	10

情報源記号が確率の大きい順に並んでいるので C_1 と C_2 は同じになる。

C_2 の場合，前項で述べた ① なる情報源記号系列に対して符号化すると

④ $0100011001\cdots$

と符号化される。この記号列はつぎの ⑤ および ⑥ の 2 通りの復号が可能である。

$$
\begin{pmatrix}
⑤ & 0/ & 10/ & 0/ & 0/ & 1/ & 10/ & 0/ & 1/ & \cdots \\
& a_1/ & a_3/ & a_1/ & a_1/ & a_2/ & a_3/ & a_1/ & a_2/ & \cdots \\
⑥ & 0/ & 1/ & 0/ & 0/ & 0/ & 1/ & 1/ & 0/ & 0/ & 1/ & \cdots \\
& a_1/ & a_2/ & a_1/ & a_1/ & a_1/ & a_2/ & a_2/ & a_1/ & a_1/ & a_2/ & \cdots
\end{pmatrix}
$$

復号された符号系列 ⑤ は情報源記号系列 ① と同じものであるが，記号系列 ⑥ はもとの情報源記号系列 ① と異なる。このように 2 通り以上の記号系列に復号可能な符号を**一意復号不可能**な符号という。これに対して C_3 と C_4 を**一意復号可能**な（uniquely decodable）符号という。前項で「符号 C_3 と符号 C_4 を**表 3.2** に示す」際に，「復号することも考慮に入れて」と述べたのはこの一意復号可能な符号のことを指していたのである。

1.2 節の**表 1.1** の場合も C_1 も一意復号不可能な符号であることは容易にわかるであろう。

〔**4**〕　**瞬時符号**　　表 **3.2** および表 **3.3** の C_2〜C_4 とともに情報源符号の新しい例 C_5, C_6 を表 **3.4** に示す。C_5 および C_6 はともに一意復号可能な符号である。C_6 は平均符号長が一番短いハフマン符号と呼ばれるもので，その求め方は **4** 章で述べる。

表 **3.4**　情報源符号の例 (3)

情報源記号	確　率	C_2	C_3	C_4	C_5	C_6
a_1	1/2	0	00	1	1	0
a_2	1/3	1	01	01	10	10
a_3	1/6	10	10	001	100	11
一意復号可能か?		不可能	可能	可能	可能	可能
瞬時符号か?		—	瞬時	瞬時	非瞬時	瞬時
平均符号長〔ビット/情報源記号〕		7/6	2	10/6	10/6	9/6

(*a*)　C_5 の場合

この場合，① なる情報源記号系列に対して符号化すると

⑦　　11001110100110···

となる。この符号語系列において，最初の三つ

110

を受け取ったときに，$a_1 a_2$ と復号すればよいのか $a_1 a_3$ と復号すればよいのかわからない。二つ目の 0 を受け取ったとき，すなわち

1100

を受け取ったときに初めて $a_1 a_3$ と復号すればよいことがわかる。この C_5 のようにその先を見てからでないと復号できない符号のことを**非瞬時符号**という。

(*b*)　C_6 の場合

この場合，① なる情報源記号系列に対して符号化すると

⑧　　011001011010···

となる。この場合は，C_5 の場合と異なり，符号化系列を受け取ったときにただちに復号することができる。このような符号を**瞬時符号** (instantaneous code)

という。C_5 の場合のように，一意復号可能であっても非瞬時符号であれば，実際の利用の際，受信側に余分なメモリを必要とするので，効率のよい符号とはいえない。

　ある符号が瞬時符号かどうかを調べるのには**符号の木**（code tree）を用いれば簡単である。**表 3.4** の一意復号可能な符号 $C_3 \sim C_6$ の符号の木を**図 3.5** に示す。

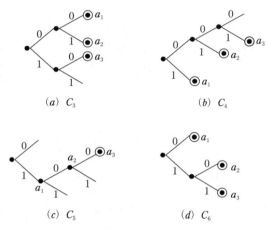

(a)　C_3　　　　　　　　　　(b)　C_4

(c)　C_5　　　　　　　　　　(d)　C_6

図 3.5　符号の木（⊙ は葉を表す）

　符号の木の描き方は，一番左に，**根**（root）を考える。この根から**枝**（branch）と呼ばれる二つの線分を右側に引き，その枝に符号アルファベット 0 および 1 を割り当てる。その枝の端（図では ● 印）は**節点**（node）と呼ばれる。この節点からさらに右側に枝分れする。この枝分れを繰り返す。

　根から枝を順次たどっていき，その枝の符号アルファベットを並べたものが符号語になる。すべての符号語が現れれば枝分れを終える。もうそれ以上枝分れしない節点（図では ⊙ 印）を**葉**（leaf）という。

　本書では 2 元符号を考えているので，枝分れは 2 本の枝にしたが，q 元符号の場合は q 本の枝分れにすればよい。

　ここでは，符号が与えられたときに符号の木を描いたが，逆に符号の木から

符号を決めることもできることはいうまでもない。

符号の木を描いた図を見れば，C_5 以外の符号は符号語がすべて葉になっていることがわかる。このように，一意復号可能な符号が瞬時符号であるための必要十分条件は，符号の木においてすべての符号語が葉になっていることである。

一意復号可能かどうか，瞬時符号かどうか，平均符号長がいくらかの三つの項目についても**表 3.4** に示す。表より，一意復号可能で瞬時符号であるのは C_3, C_4, C_6 であるが，平均符号長の一番短い C_6 が，この中で一番効率のよい符号であるといえる。

では，同じハフマン符号を用いるにしても情報源のほうを工夫して，もっと効率のよい符号は存在しないのだろうか。この疑問に答える定理を次節で述べよう。

3.4 　情報源符号化定理

〔**1**〕 **拡大情報源** 　　いま，簡単のためつぎの例を考えよう。

例 3.2 　　例 3.1 と同じ誤りのないコンピュータに，さいころを続けて振ってその目が 1, 2, 3, 4, 5 のどれかであれば A, 6 であれば B と記すことにし，その系列，例えば

⑨ 　$ABAAABBAAAAAAAAA\cdots$

をコンピュータに記憶させ，取り出す場合を考えよう。このときの情報源 S はつぎのようになる。

$$S = \begin{pmatrix} A, & B \\ 5/6, & 1/6 \end{pmatrix} \tag{3.32}$$

このときの符号 C_7 は，情報源記号 A に対して 0，B に対して 1 を割り当てる。この平均符号長は 1〔ビット/情報源記号〕である。

つぎに，情報源記号系列をつぎのように二つずつまとめて一つのブロックとし，このブロックごとに符号化することを考える。

⑩　$AB/AA/AB/BA/AA/AA/AA/AA/\cdots$

このような符号化をするためには，式 (3.32) の S の情報源記号 A と B の組合せを新たな情報源記号とする新しい情報源 S^2 を考えればよい。すなわち S^2 は

$$S^2 = \begin{pmatrix} AA, & AB, & BA, & BB \\ 25/36, & 5/36, & 5/36, & 1/36 \end{pmatrix} \qquad (3.33)$$

となる。このとき，ハフマン符号 C_8 は表 3.5 のようになる。この C_8 はもちろん一意復号可能で瞬時符号である。このときの 1 ブロック当りの平均符号長は 53/36〔ビット〕。したがって，情報源 S の 1 情報源記号当りの平均符号長は，$(53/36)/2 = 53/72$〔ビット〕。これは C_7 のときの 1 情報源記号当りの平均符号長 1 ビットより小さい。

表 3.5　ブロック符号の例 (1)

情報源記号	確　率	符号 C_8
AA	25/36	0
AB	5/36	11
BA	5/36	100
BB	1/36	101

さらに，情報源記号系列をつぎのように三つずつまとめて符号化することを考える。

⑪　$ABA/AAB/BAA/AAA/AAA/A\cdots$

この符号化のためには，つぎのような情報源 S^3 を考えればよい。

$$S^3 = \begin{pmatrix} AAA, & AAB, & ABA, & BAA, & ABB, & BAB, & BBA, & BBB \\ 125/216, & 25/216, & 25/216, & 25/216, & 5/216, & 5/216, & 5/216, & 1/216 \end{pmatrix} \qquad (3.34)$$

このときのハフマン符号 C_9 は表 3.6 のようになる。この C_9 はもちろん一意復号可能で瞬時符号である。このときの 1 ブロック当りの平均符号長は

表 **3.6** ブロック符号の例 (2)

情報源記号	AAA	AAB	ABA	BAA	ABB	BAB	BBA	BBB
符号 C_9	0	100	101	110	11100	11101	11110	11111

$430/216$〔ビット〕。したがって，情報源 S の1情報源記号当りの平均符号長は，$(430/216)/3 = 215/324$〔ビット〕。これは C_8 のときの1情報源記号当りの平均符号長 $53/72$〔ビット〕より小さい。

この二つの例のように，情報源記号系列をいくつかずつまとめて符号化するための符号 C_8, C_9 を**ブロック符号**（block code）という。もとの情報源 S に対する符号 C_7 もブロック符号の特殊なものと考える。ブロック符号以外の符号を**非ブロック符号**（non-block code）といい，**7**章で述べる畳込み符号は非ブロック符号の一つである。

また，もとの情報源記号のいくつかをまとめて新しい情報源記号とし，この新しい情報源記号をもつ情報源を**拡大情報源**（extension source）と呼ぶ。S^2 および S^3 をそれぞれ2次および3次の拡大情報源と呼ぶ。一般に，n 次の拡大情報源を S^n で表す。

この2次，3次の拡大情報源の例から，n 次の拡大情報源に対するハフマン符号の平均符号長は，$n-1$ 次のものに対するハフマン符号のそれと等しいか短くなることが推測される。拡大情報源のエントロピーに関するつぎの定理が成立する。

定理 3.3

　ある情報源およびその n 次の拡大情報源をそれぞれ S および S^n とするとき

$$H(S^n) = nH(S) \tag{3.35}$$

が成立する。

| 証明 | つぎのような簡単な2元情報源を考えよう。

$$S = \begin{pmatrix} A, & B \\ p_A, & p_B \end{pmatrix} \tag{3.36}$$

また，$n = 3$ の場合を考えよう。このとき，$n = 3$ の情報源記号の数は 2^3 となり，S^3 はつぎのようになる。

$$S^3 = \begin{pmatrix} AAA, & AAB, & ABA, & ABB, & \cdots, BBB \\ p_A p_A p_A, & p_A p_A p_B, & p_A p_B p_A, & p_A p_B p_B, & \cdots, p_B p_B p_B \end{pmatrix} \tag{3.37}$$

このとき，情報源 S^3 のエントロピー $H(S^3)$ は定義より

$$\begin{aligned} H(S^3) = & -p_A p_A p_A \log_2(p_A p_A p_A) - p_A p_A p_B \log_2(p_A p_A p_B) \\ & - p_A p_B p_A \log_2(p_A p_B p_A) - p_A p_B p_B \log_2(p_A p_B p_B) \\ & - p_B p_A p_A \log_2(p_B p_A p_A) - p_B p_A p_B \log_2(p_B p_A p_B) \\ & - p_B p_B p_A \log_2(p_B p_B p_A) - p_B p_B p_B \log_2(p_B p_B p_B) \end{aligned} \tag{3.38}$$

となる。ここで，公式

$$\log_2(xyz) = \log_2 x + \log_2 y + \log_2 z \tag{3.39}$$

を用いて式 (3.38) を変形すると

$$\begin{aligned} H(S^3) = & -p_A p_A p_A \log_2 p_A - p_A p_A p_A \log_2 p_A - p_A p_A p_A \log_2 p_A \\ & - p_A p_A p_B \log_2 p_A - p_A p_A p_B \log_2 p_A - p_A p_A p_B \log_2 p_B \\ & - p_A p_B p_A \log_2 p_A - p_A p_B p_A \log_2 p_B - p_A p_B p_A \log_2 p_A \\ & - p_A p_B p_B \log_2 p_A - p_A p_B p_B \log_2 p_B - p_A p_B p_B \log_2 p_B \\ & - p_B p_A p_A \log_2 p_B - p_B p_A p_A \log_2 p_A - p_B p_A p_A \log_2 p_A \\ & - p_B p_A p_B \log_2 p_B - p_B p_A p_B \log_2 p_A - p_B p_A p_B \log_2 p_B \\ & - p_B p_B p_A \log_2 p_B - p_B p_B p_A \log_2 p_B - p_B p_B p_A \log_2 p_A \\ & - p_B p_B p_B \log_2 p_B - p_B p_B p_B \log_2 p_B - p_B p_B p_B \log_2 p_B \end{aligned} \tag{3.40}$$

となる。式 (3.40) の第 1, 4, 7, 10, 13, 16, 19, 22 項の和を G_1，第 2, 5, 8, 11, 14, 17, 20, 23 項の和を G_2，第 3, 6, 9, 12, 15, 18, 21, 24 項の和を G_3 とすると，G_1 はすべての項が $xyz \log_2 x$ の形をしている。ここで，x, y, z はすべて p_A または p_B である。したがって，すべての項を $x \log_2 x$ でくくると

$$G_1 = -(p_A \log_2 p_A)(p_A p_A + p_A p_B + p_B p_A + p_B p_B)$$

$$-(p_B \log_2 p_B)(p_A p_A + p_A p_B + p_B p_A + p_B p_B)$$

$$= -p_A \log_2 p_A - p_B \log_2 p_B = H(S) \qquad (3.41)$$

となる。まったく同様にして

$$G_2 = G_3 = H(S) \qquad (3.42)$$

となる。したがって

$$H(S^3) = G_1 + G_2 + G_3 = 3H(S) \qquad (3.43)$$

となり，2 元情報源 S に対し，$n = 3$ の場合について定理が証明された。 ♠

n が一般的な場合の証明はここでは省略する。演習問題【8】としているので，$n = 3$ の場合を参考にして，読者は証明を試みられたい。

また，M 元情報源 S の場合，S^n の情報源記号の数が M^n となる。そのことに注意さえすれば，2 元情報源の場合とほとんど同様にして式 (3.35) が証明される。

〔2〕 平均符号長の下限　　平均符号長の下限について述べる前にクラフトの不等式を定理としてあげておこう。

___

定理 3.4

いま，つぎのような M 元情報源 S があるとする。

$$S = \begin{pmatrix} a_1, & a_2, & \cdots, & a_M \\ p_1, & p_2, & \cdots, & p_M \end{pmatrix} \qquad (3.44)$$

この情報源 S に対する q 元符号が瞬時符号となるための必要十分条件は

$$q^{-\tau_1} + q^{-\tau_2} + \cdots + q^{-\tau_M} \leqq 1 \qquad (3.45)$$

が成り立つことである。ここで，$\tau_1, \tau_2, \cdots, \tau_M$ はそれぞれ $a_1, a_2, \cdots, a_M$ に対する符号語の長さである。

式 (3.45) の不等式を**クラフトの不等式**（Kraft's inequality）と呼ぶ。この定理の証明は付録 **A.2** で述べる。

なお，式 (3.45) は非瞬時符号をも含む，より一般の一意復号可能な符号が存在するための必要十分条件でもあることがマクミランによって導かれている。

効率のよい符号化とは，瞬時符号でその平均符号長が短い符号を用いることであるが，どこまで短くできるのであろうか。すなわち平均符号長の下限はいくらであろうか。この疑問に答えるものがつぎの定理である。

定理 3.5

いま，定理 3.4 で定義された M 元情報源 S と q 元瞬時符号，符号語の長さ $\tau_1, \tau_2, \cdots, \tau_M$ を考える。この S のエントロピーを $H(S)$，その平均符号長を L とすると

$$L \geqq H(S)/\log_2 q \tag{3.46}$$

が成立する。ここで，等号が成立するのは

$$q^{-\tau_1} + q^{-\tau_2} + \cdots + q^{\tau_M} = 1 \tag{3.47}$$

かつ

$$q^{-\tau_i} = p_i, \quad i = 1, 2, \cdots, M \tag{3.48}$$

のときである。

証明　$q = 2$ の場合を証明しよう。このとき式 (3.46) はつぎのようになる。

$$L \geqq H(S) \tag{3.49}$$

いま，瞬時符号を考えているので，クラフトの不等式，式 (3.45) が成立する。したがって

$$2^{-\tau_1} + 2^{-\tau_2} + \cdots + 2^{-\tau_M} \leqq 1 \tag{3.50}$$

である。式 (3.31) より

$$L = p_1\tau_1 + p_2\tau_2 + \cdots + p_M\tau_M \tag{3.51}$$

となる。定理 3.1 の式 (3.13) の左辺は $H(S)$ に等しい。この式を用いるためには式 (3.13) の両辺の q_i が確率分布であることに注意する必要がある。いま

$$Q = 2^{-\tau_1} + 2^{-\tau_2} + \cdots + 2^{-\tau_M} \tag{3.52}$$

とおくと

$$Q \leqq 1 \tag{3.53}$$

となる。また

$$q_i = 2^{-\tau_i}/Q, \quad i = 1, 2, \cdots, M \tag{3.54}$$

とおくと，つぎの二つの式が成立する。

$$q_i > 0 \tag{3.55}$$

$$q_1 + q_2 + \cdots + q_M = 1 \tag{3.56}$$

式 (3.55), (3.56) は q_i が確率分布であることを示している。したがって，式 (3.13) において，式 (3.54) を代入すると

$$H(S) \leqq -\sum_{i=1}^{M} p_i \log_2 q_i = -\sum_{i=1}^{M} p_i \log_2 \left(2^{-\tau_i}/Q\right)$$

$$= -\sum_{i=1}^{M} p_i \log_2 2^{-\tau_i} + \sum_{i=1}^{M} p_i \log_2 Q = \sum_{i=1}^{M} p_i\tau_i + \log_2 Q \tag{3.57}$$

が得られる。

　式 (3.53) より右辺の第 2 項は 0 または負であり，右辺の第 1 項は式 (3.51) より L であるので

$$H(S) \leqq L + \log_2 Q \leqq L \tag{3.58}$$

となる。これで式 (3.49) が証明された。すなわち $q = 2$ の場合の式 (3.46) が証明された。式 (3.58) の一つ目の等式が成立するのは，式 (3.13) における等号の成立する条件

$$p_i = q_i = 2^{-\tau_i}/Q, \quad i = 1, 2, \cdots, M \tag{3.59}$$

が満たされる場合である。式 (3.58) の二つ目の等式が成立するのは

$$Q = 1 \tag{3.60}$$

の場合である。この式を (3.59) に入れると

$$p_i = q_i = 2^{-\tau_i}, \quad i = 1, 2, \cdots, M \tag{3.61}$$

となる。式 (3.52) および式 (3.60) より

$$2^{-\tau_1} + 2^{-\tau_2} + \cdots + 2^{-\tau_M} = 1 \tag{3.62}$$

である。式 (3.62) および式 (3.61) は，それぞれ式 (3.47) および式 (3.48) において $q = 2$ とした場合に等しい。したがって，定理における等号の場合も証明された。$q > 2$ の一般的な場合の証明は省略する。 ♠

この定理 3.5 が意味するところは重要である。q 元瞬時符号に対して，その平均符号長 L は式 (3.46) で与えられる下限をもつこと，情報源の生起確率 p_i が $q^{-\tau_i}$ の形をしているときは，L がその限界値に等しくなることである。つぎに，情報源の生起確率 p_i が $q^{-\tau_i}$ の形をしているときの例をあげよう。

例題 3.5　つぎの情報源 S に対する 2 元瞬時符号は，その平均符号長をそのエントロピーに等しくできること，すなわちその限界を実現できることを証明せよ。

$$S = \begin{pmatrix} a_1, & a_2, & a_3, & a_4, & a_5 \\ 1/2, & 1/4, & 1/8, & 1/16, & 1/16 \end{pmatrix} \tag{3.63}$$

証明　定理 3.5 において，$q = 2$ であり，情報源の生起確率が p_i が $2^{-\tau_i}$ の形をしているので，$\tau_1, \tau_2, \tau_3, \tau_4, \tau_5$ をそれぞれ 1, 2, 3, 4, 4 とすればよい。そのとき平均符号長 L は，つぎのように計算される。

$$L = (1/2) \times 1 + (1/4) \times 2 + (1/8) \times 3 + (1/16) \times 4 + (1/16) \times 4 = 15/8$$

エントロピー $H(S)$ は，つぎのように計算される。

$$\begin{aligned} H(S) &= (1/2) \log_2 2 + (1/4) \log_2 4 + (1/8) \log_2 8 + (1/16) \log_2 16 \\ &\quad + (1/16) \log_2 16 \\ &= 1/2 + (1/4) \times 2 + (1/8) \times 3 + (1/16) \times 4 + (1/16) \times 4 = 15/8 \end{aligned}$$

上の 2 式から $L = H(S)$ が証明された。 ♠

〔**3**〕 **平均符号長の上限**   定理 3.5 では，情報源の生起確率 p_i が $q^{-\tau_i}$ の形をしているときは，平均符号長 L がその限界値，すなわち $H(S)/\log_2 q$〔ビット/情報源記号〕に等しくなることを述べた。では，p_i が一般的な形をしている場合，L は $H(S)/\log_2 q$〔ビット/情報源記号〕より大きいことしかいえないのであろうか。

じつはつぎの定理にあるように，ある値より小さい L の符号化が可能であることが保証されているのである。

定理 3.6

いま，式 (3.44) で定義された M 元情報源 S と q 元瞬時符号，符号語の長さ $\tau_1, \tau_2, \cdots, \tau_M$ を考える。この S のエントロピーを $H(S)$，その平均符号長を L とすると

$$L < H(S)/\log_2 q + 1 \qquad (3.64)$$

を満たす q 元瞬時符号を必ず作ることができる。

証明 $q = 2$ の場合を証明しよう。このとき式 (3.64) はつぎのようになる。

$$L < H(S) + 1 \qquad (3.65)$$

情報源記号 a_i に，つぎの不等式を満足する正の整数の長さ τ_i をもつ符号語を割り当てることにする。

$$-\log_2 p_i \leqq \tau_i < -\log_2 p_i + 1 \qquad (3.66)$$

一つ目の不等式より

$$2^{-\tau_i} \leqq 2^{-(-\log_2 p_i)} = 2^{\log_2 p_i} = p_i \qquad (3.67)$$

となる。したがって

$$2^{-\tau_1} + 2^{-\tau_2} + \cdots + 2^{-\tau_M} \leqq p_1 + p_2 + \cdots + p_M = 1 \qquad (3.68)$$

となる。この式は (3.45) のクラフトの不等式であるので，符号語の長さ τ_i をもつ瞬時符号を作ることができる。

式 (3.66) の各辺に p_i を乗じ，和をとると

$$-\sum_{i=1}^{M} p_i \log_2 p_i \leqq \sum_{i=1}^{M} p_i \tau_i < -\sum_{i=1}^{M} p_i \log_2 p_i + \sum_{i=1}^{M} p_i$$

となる。この式と式 (3.6) および式 (3.31) から

$$H(S) \leqq L < H(S) + 1 \qquad\qquad (3.69)$$

となり，式 (3.65) が証明された。すなわち $q = 2$ の場合の定理 3.6 が証明された。$q = 2$ 以外の一般的な場合の証明は省略する。   ♠

〔4〕 **情報源符号化定理**   定理 3.5 および定理 3.6 を用いて，この節の最終目標に到達することができる。定理 3.5 では，情報源 S の生起確率 p_i が $q^{-\tau_i}$ の形をしているときは，平均符号長 L がその限界値に等しくなるように符号を作ることができることを述べた。では，p_i が一般的な形をしている場合，工夫することによって L を限界値まで小さくすることはできないのであろうか。

この節の最初に，2 次，3 次の拡大情報源を考え，その情報源に対して符号化すれば，もとの 1 情報源記号当りの平均符号長が小さくなることを簡単な例で示した。拡大の次数を無限大まで大きくしていけば，L を限界値まで小さくすることはできる。それを示しているのが，つぎの**情報源符号化定理** (source coding theorem) である。

定理 3.7

情報源 S に対し，1 情報源記号当りの平均符号長 L が次式を満足するような 2 元瞬時符号を作ることができる。

$$H(S) \leqq L < H(S) + \varepsilon \qquad\qquad (3.70)$$

ここで，ε および $H(S)$ はそれぞれ任意の正数および S のエントロピーであり，$H(S)$ の単位は〔ビット/情報源記号〕である。

証明 S の n 次拡大情報源を S^n，そのエントロピーを $H(S^n)$，その平均符号長を L_n とする。この L_n は S^n の 1 情報源記号当りの平均符号長なので，S の 1

情報源記号当りの平均符号長は L_n/n である。式 (3.49) と式 (3.65) を S^n に適用すれば

$$H(S^n) \leqq L_n < H(S^n) + 1 \qquad (3.71)$$

となる。この式に式 (3.35) を適用して

$$nH(S) \leqq L_n < nH(S) + 1 \qquad (3.72)$$

ゆえに

$$H(S) \leqq L_n/n < H(S) + 1/n \qquad (3.73)$$

となる。ここで，$1/n$ および L_n/n をそれぞれ ε および L とおけば式 (3.70) が成立する。これで定理の証明ができた。 ♠

一般に q 元符号に符号化する場合もこの定理は成立する。ただし，式 (3.70) の代わりに次式が成立する。

$$H(S)/\log_2 q \leqq L < H(S)/\log_2 q + \varepsilon \qquad (3.74)$$

┌ コーヒーブレイク ┐

青は藍（あい）より出でて藍（い）より青し

このことわざは，青色は藍という植物からとるが，もとの藍の色より濃い色の青になることから転じて，教えてもらった師より弟子のほうが優秀になることを表す。教師の楽しみの一つは優秀な人材を育てることである。

例 *3.2* の場合で，この情報源符号化定理を確かめてみよう。式 *(3.6)* を用いて，式 *(3.32)* の情報源 S のエントロピー $H(S)$ を計算すると約 0.650〔ビット/情報源記号〕となる。先に述べたように，S に対して符号化したときの平均符号長は 1〔ビット/情報源記号〕，情報源を 2 次および 3 次に拡大した場合の平均符号長はそれぞれ $53/72 = 0.736$〔ビット/情報源記号〕，および $215/324 = 0.664$〔ビット/情報源記号〕である。

さらに，情報源を 4 次に拡大した場合の平均符号長は約 0.660〔ビット/情報源記号〕となる。このように，拡大する次数を大きくしていくと，平均符号長はだんだん小さくなり，そのエントロピー 0.650〔ビット/情報源記号〕にいくらでも近づいていく。しかし，0.650〔ビット/情報源記号〕より小さくなることはない。

演 習 問 題

【1】 **2.3** 節の例題 *2.6* において，表が 0 枚，1 枚，2 枚および 3 枚の場合の情報源記号をそれぞれ a_1, a_2, a_3 および a_4 とするとき，この情報源 S を表せ。

【2】 二つのさいころを同時に振り，出た目の和が，$2, 3, 4, \cdots, 12$ の場合の情報源記号をそれぞれ $a_1, a_2, a_3, \cdots a_{11}$ とするとき，この情報源 S を表せ。

【3】 5 枚のコインを同時に投げるとき，すべてのコインが表になったことを知ったときの情報量は何ビットか。

【4】 4 枚のコインを同時に投げるとき，1 枚だけ表になったことを知ったときの情報量は何ビットか。

【5】 問題【1】の情報源 S のエントロピー $H(S)$ を求めよ。

【6】 問題【2】の情報源 S のエントロピー $H(S)$ を求めよ。

【7】 表 **3.7** の符号 C_1 および C_2 はそれぞれシャノン符号の符号化およびハフマン符号の符号化で得られたものである。C_1 および C_2 の平均符号長を求めよ。また，C_1 および C_2 が瞬時符号であるかどうかを調べよ。さらに，どちらのほうがよい符号であるか。

表 3.7　シャノン符号とハフマン符号

情報源記号	確　率	符号 C_1	符号 C_2
a_1	1/8	110	0010
a_2	3/16	101	000
a_3	3/8	00	1
a_4	1/16	1111	0011
a_5	1/4	01	01

【8】　定理 3.3 に関する以下の問に答えよ。

(1)　2 元情報源 S で $n=2$ の場合について，この定理を証明せよ。

(2)　2 元情報源 S で n 次拡大情報源の場合について，この定理を証明せよ。

【9】　表 3.4 の符号 $C_2 \sim C_6$ にクラフトの不等式を適用し，一意復号可能な符号には定理 3.4 が成り立っていることを確認せよ。

4

情報源符号

本章の目的は，前章で学んだ情報源符号化を実現する方法について，その原理や特徴などを理解することである。

4.1 情報源符号化に必要な条件

〔1〕 情報源符号化　　1章で述べたように，通常われわれが扱う情報は，数多くの記号から構成されるが，コンピュータやディジタル通信ではデータは0と1のみが用いられる。本章では符号アルファベットの元が0と1の二つである2元符号のみを扱う。

1.2節でも述べたように，符号化には情報源符号化と通信路符号化がある。通信路符号化のための符号と区別するために，情報源符号化のための符号を情報源符号と呼ぶ。

情報源符号化は，1情報源記号当りの平均符号長を短くするための符号化である。つまり，情報となるデータの長さをより短くするため符号化であるので，データ圧縮（data compression）とも呼ばれている。

例えば，3章で示した表3.4の C_6 のように，生起確率の大きい情報源記号に対しては短い符号語が，生起確率が小さい情報源記号に対しては長い符号語が割り当てられている符号では，符号語系列の平均符号長を短くできることはすでに確認した。

本章では，まず符号 C_6 のように情報源記号の生起確率を用いて符号を作る方法について述べる。そして，最後の節では情報源記号の生起確率を用いない

符号の一つを簡単に説明する。

　情報源符号は，例えば**表 3.4**の符号 C_6（ハフマン符号）の場合，**図 4.1**のように情報源を符号器につないで，符号器に情報源記号系列を入力すると，表に示した情報源記号と符号語の対応を用いて，符号語系列を出力するというブロック図で表すことができる。

$$S = \begin{bmatrix} a_1, a_2, a_3 \\ 1/2, 1/3, 1/6 \end{bmatrix}$$

$$\begin{aligned} a_1 &\longrightarrow 0 \\ a_2 &\longrightarrow 10 \\ a_3 &\longrightarrow 11 \end{aligned}$$

情報源 — $a_1\ a_3\ a_1\ a_1\ a_2\ a_3 \cdots$ — 情報源符号器 — 011001011$\cdots$

情報源記号系列　　　　　　　符号語系列

図 4.1　情報源から情報源符号器までのブロック図
（**表 3.4** の C_6 の場合）

〔2〕　**情報源符号化に必要な条件**　　データ圧縮を目的とする情報源符号は数多く存在するので，符号化を行うデータの性質や用途などを考慮して，適切な符号を用いる必要がある。

　情報源符号は可逆符号と非可逆符号に分けることができる。前者は情報源と符号語が 1 対 1 に対応し，一意に復号可能な符号である。後者は情報源記号と符号語が完全には 1 対 1 に対応していないので，復号の際に一意に復号可能とはならず，あいまいさ（ひずみ）が生じる符号である。

　可逆符号はプログラムや文書データのように，符号化する前と完全に同じデータに戻す必要がある場合に用いる。これに対し，後者の非可逆符号は画像は音声データのように，再現されたデータに少々のひずみが生じても支障がないような場合に用いられる。これは人間の視聴覚特性を考慮した，ひずみを許容するデータ圧縮である。非可逆符号は可逆符号に比べて，データをより小さく圧縮することができる。

　なお本章では前者の可逆圧縮のみを述べる。可逆符号であれば定理 3.7 で述べた情報源符号化定理が成り立つので，1 情報源記号当りの平均符号長はその情報源のエントロピーまで短くできる。つまり，平均符号長がエントロピーに近いほどよい符号であるといえる。

具体的な符号化法を述べる前に，ここで情報源記号に必要となる条件をまとめておこう。

1. 平均符号長を短くできること。

2. 一意に復号可能であること。

3. できるだけ操作が簡単で，符号化や復号が高速に行えること。

上記の 1. についてはデータ圧縮を目的とする符号化では当然必要となる条件である。2. については，可逆でなければならない場合には必要となる条件である。これを満たすためには，**3.4** 節で述べたクラフトの不等式を満たすような符号を構成すればよい。さらに，データ圧縮をハードウェアやプログラムで実現するうえでは，操作が簡単であることが望ましく，また実際には処理時間も問題となるので，実用のためには 3. は考慮すべき条件である。

4.2　ハ フ マ ン 符 号

ハフマン符号（Huffman code）は各情報源記号の生起確率がわかっている場合に，1 情報源記号当りの平均符号長が最短となる符号である（この証明は付録 **A.3** を参照）。ここでは，符号アルファベットが 0, 1 の二つで符号語が構成されるハフマン符号の符号化および復号の操作について説明しよう。

〔**1**〕　**ハフマン符号の構成法**　　ここでは，M 個の情報源記号を $a_1, a_2, \cdots,$ a_M として，これらを 2 元ハフマン符号に符号化するための操作を以下に示す。

1. $j = 0$ とする。

2. $M - j$ 個の情報源記号を生起確率の順番に並べる。同じ生起確率の情報源記号がある場合は，それらの並べ方は任意である。

3. $j \leftarrow j + 1$ として，最も生起確率が小さい記号と，そのつぎに小さい記号の二つを枝でつなぐ。この節点を b_j として，これを新たな情報源記号とみなす。そして，枝でつないだ二つの記号の確率の和を b_j の生起確率

として割り当てる。もとの情報源記号と節点 b_j の間にある2本の枝の一方には1，他方には0を割り当てる。

この結果，情報源記号は $M-j$ 個となり，このときの情報源を時点 j における縮退情報源と呼び，S_j で表す。つまり，縮退情報源に含まれる記号数は前の時点より一つ少なくなる。

4. $j = M-1$ となり，縮退情報源に含まれる記号の数が一つになったら（節点が $M-j$ 個できたら）終わりで，5. に移る。そうでなければ 2. と 3. の操作を繰り返す。

5. 情報源記号 a_i $(1 \leqq i \leqq M)$ に割り当てられる符号語はつぎのようになる。

a_i が割り当てられている葉から根（b_{M-1} がこれにあたる）に向かって枝をたどっていく。このとき，通る枝に割り当てられた0または1を読み込んでいく。根にたどりついたときに得られる0と1の系列を，読み込んだ順序と逆に並べれば a_i の符号語となる。

これら一連の操作は，**3**章で述べた符号の木を作るための操作である。図 **4.1** における符号 C_6 の情報源記号と符号語の対応は，符号の木を作ることによって得ることができる。この操作で作られる符号語はすべて葉のみを符号語に割り当てているので一意に復号可能で瞬時符号となる条件を満たしている。また，節点から分岐する枝に0または1を割り当てるとき，どちらの符号アルファベットを割り当てても，一意に復号可能な瞬時符号となる。

ここで，まず，簡単なハフマン符号の構成例を示す。

例題 4.1　**表 3.4** で与えた符号 C_6 がハフマン符号になっていることを確認せよ。

【解答】　**表 3.4** において，生起確率の大きさは a_1, a_2, a_3 の順になっているので，まず，a_2, a_3 を一つにまとめて節点 b_1 を作る。つぎに，a_1, b_1 を節点 b_2 にして

まとめれば，この節点 b_2 が根となり，これで符号の木ができたことになる。この符号の木は図 **3.5**(d) に示す符号の木と一致する（確認してみよ）。   ◇

つぎに，情報源記号をさらに増やした場合におけるハフマン符号の構成例をもう一つの例題で示す。

例題 4.2   つぎの情報源をハフマン符号で符号化せよ。

$$S = \begin{pmatrix} a_1, & a_2, & a_3, & a_4, & a_5, & a_6 \\ 0.35, & 0.20, & 0.15, & 0.15, & 0.10, & 0.05 \end{pmatrix}$$

【解答】   以下にハフマン符号で符号化した例を図 **4.2** に示す。破線で囲った記号は縮退情報源に含まれる要素である。

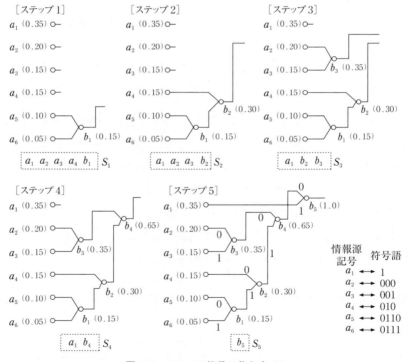

図 **4.2** ハフマン符号の作り方 (1)

◇

また，例題 *4.2* のハフマン符号を作る過程において，確率が同じになるような場合がある（**図 4.2** のステップ 2 など）。そのときは節点（新しい情報源記号）の作り方によって**図 4.3** のようにも符号化できる。

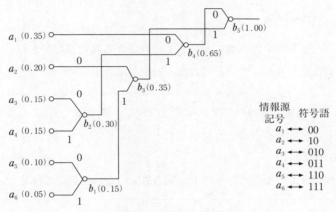

情報源記号	符号語
a_1 ←→	00
a_2 ←→	10
a_3 ←→	010
a_4 ←→	011
a_5 ←→	110
a_6 ←→	111

図 *4.3*　ハフマン符号の作り方 (2)

例題 4.3　図 *4.2* および図 *4.3* のハフマン符号の例で符号化したそれぞれの平均符号長を求めよ。

【解答】　式 (*3.31*) を用いて計算すると，どちらも平均符号長は 2.45〔ビット/情報源記号〕となる。　　　　　　　　　　　　　　　　　　　　　　◇

生起確率が同じものが存在する場合は，並べ方により割り当てられる符号語は変わるが，平均符号長は同じになることがわかる。

〔**2**〕　**ハフマン符号の復号**　　符号化のときに用いた符号の木を用いれば，符号語をもとの情報源記号に戻すことができる。例えば，ハフマン符号の復号は以下のようにすればよい。

1.　符号化のときに用いた符号の木を再生する。

2.　符号語系列の 0, 1 を一つずつ読み込んでいく。このとき，根から葉に向かって，葉にたどりつくまでつぎの操作を繰り返す。

(a) もし，0を読み込んだら，0が割り当てられている枝につながる節点に進む。

(b) もし，1を読み込んだら，1が割り当てられている枝につながる節点に進む。

3. 葉にたどりついたら葉に割り当てられている情報源記号を復号する。まだ葉にたどりついていなければ，2. に戻る。

例題 4.4   例題 4.1 のハフマン符号（つまり，**表 3.4** の C_6）で符号化された符号語系列がつぎのようになったとする。

010110010

これを例題 4.1 で作った符号の木（**図 3.5**(d) C_6）を用いて復号せよ。

【解答】   まず，根から 0 が割り当てられている枝をたどると a_1 が復元できる。ここで根に戻り，1 の枝のつぎに 0 の枝をたどると a_2 が復元できる。また根に戻り，1 の枝のつぎに 1 の枝をたどると a_3 が復元できる。

同様にして，最後まで繰り返せば $a_1 a_2 a_3 a_1 a_1 a_2$ が復元できることがわかる。   ◇

ここで，実際にハフマン符号を用いてデータ圧縮を実現する場合を考えてみよう。データとなる情報源記号がファイルに記録されているとする。そして，これをハフマン符号により符号化を行って，符号化系列を圧縮されたデータとして出力するとしよう。

符号化の際には，ファイルのデータに含まれる記号の生起確率が必要となる。しかし，これはファイルの内容を見てからでないとわからないので，符号化を行う前に一度ファイルを読み込み，各記号の生起確率を調査してから，前に述べた操作で符号の木を作る必要がある。

また，復号の際には符号化のときに用いた符号の木が必要となるので，符号語系列（つまり，圧縮されたデータ）をファイルに出力する場合には，各情報源記号の生起確率を記録するなどして，符号の木を再生できるようにする必要がある。

〔**3**〕 ブロック化ハフマン符号   **3.4** 節では，情報源記号系列において，複

数の情報源記号をまとめて一つのブロックとし，そのブロックに対して符号語を作るという，ブロック符号化を行った。そして，情報源のブロックの長さ（ブロック内の情報源記号の数）を長くすると，1 情報源記号当りの平均符号長は情報源のエントロピーの値に近づくことを情報源符号化定理で示した。

　複数の記号を一つにまとめることを**ブロック化**と呼び，まとめられた記号系列を**情報源ブロック**と呼ぶことにする。そして，情報源ブロックに対するハフマン符号を**ブロック化ハフマン符号**と呼ぶ。

　ここでは，**3.4** 節の例 **3.2** に対する 2 次および 3 次の拡大情報源に対するブロック化ハフマン符号 C_8 および C_9 の求め方を，それぞれ**図 4.4** および**図 4.5**

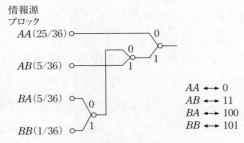

図 **4.4**　長さ 2 のブロック化ハフマン符号

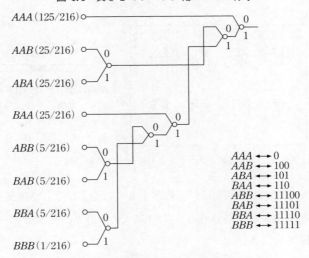

図 **4.5**　長さ 3 のブロック化ハフマン符号

に示す。

4.3 ランレングス符号

〔**1**〕 **ランレングス符号**　　連続する記号の連（run），つまり同じ記号が続く長さを利用する符号を**ランレングス符号**（run length code）という。例として，つぎのように情報源記号が二つである情報源 S を考えてみよう。

$$S = \begin{pmatrix} B, & W \\ 1/6, & 5/6 \end{pmatrix} \qquad (4.1)$$

これは **3.4** 節の例 **3.2** で示した情報源と同じである。この情報源の出力系列がつぎのようになったとしよう。

$$W\,BWW\,BWWWW\,BB\,WWW\,BW\,WWWWW\,BW \cdots$$

この情報源の特徴は，二つの記号の生起確率に偏りがあり，B は生起しにくく，W は生起しやすいことである。このような情報源のモデルで表現される実際の例では，**図 4.6** に示すようなファクシミリのデータ系列がある。

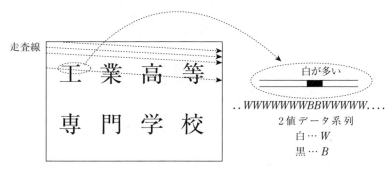

図 4.6　ファクシミリのデータ系列の例

　ファクシミリのデータ系列は，図に示すように走査により2次元画像を1次元信号に変換することで得られる。このデータは白黒の2値のデータであり，通常は白が圧倒的に多い。

　白を W として黒を B とすれば，例にあげたような生起確率に偏りがある情

報源で表すことができる。生起しやすい記号は，連続しやすい傾向があるので，ランレングス符号が有効となる。

　上であげた情報源記号系列において，あまり生起しないほうの記号 B を区切りとして，頻繁に生起するほうの記号 W の連をブロックとしてみよう。B の後に区切りを入れると

$$WB/WWB/WWWWB/B/WWWB/WWWWWWB/W \cdots$$

となる。つまり，区切りからつぎの区切りまでを一つの情報源ブロックとするのである。いままで述べてきた情報源ブロックは，等しい長さでブロック化されてきたのに対して，ここで述べるブロック化ではブロックの長さは連の長さ（ランレングス）に対応しているので，等しい長さにならない。

　上の例では，W のランレングスは $1, 2, 4, 0, 3, 6, \cdots$ となるから，これを情報源ブロックに対応する符号語としよう。符号語は 2 元符号とするので，これらの値を 2 進数表現して符号語とすると

$$1 \rightarrow 1, \quad 2 \rightarrow 10, \quad 4 \rightarrow 100, \quad 0 \rightarrow 0, \quad 3 \rightarrow 11, \quad 6 \rightarrow 110$$

となり，これを並べてみると

$$1/10/110/0/11/110/ \cdots$$

となる。しかし，これを受け取ったときには

$$110110011110 \cdots$$

となり，もとの情報源記号系列の長さよりも短くなっているが，どこに区切りを入れるべきかが定まらないので，一意に復号可能とならない。

　そこで，このような情報源ブロックに対しても一意に復号できるような方法として以下の符号化を考えてみよう。

1.　ランレングスをすべて同じ長さの符号語で表す（固定長符号）。

2.　ハフマン符号を用いて情報源ブロックに対する符号化を行う。

〔2〕　**情報ブロックの平均長さ**　　**4.2**節でブロック化ハフマン符号について例を示したが，この場合はすべての情報源ブロックの長さが同じであった。しかし，ランレングスを利用してブロック化する場合は，各情報源ブロックの

長さは異なるので，符号語の1情報源記号当りの平均符号長を計算するために
は，1情報源ブロックの平均長さを計算する必要がある。

式 (4.1) で表される情報源の例では，W のランレングスを $0 \sim N$ として，B
を区切りとした。ここで，N は最大のランレングスとする。復号のときに最大
長さが N であることを知っていれば，W が N 回繰り返された時点で区切りと
すればよいので，このときは区切り B は必要ない。N を超えるランレングス
となった場合は，複数の情報源ブロックを割り当てればよいのである。例えば，
つぎのような系列を考えてみよう。

$$WWWBWWWWWBWBBWWWWWWBWWWB$$

この系列に対して最大ランレングス $N = 6$ として，情報源ブロックにブロック
化すると

$$WWWB/WWWWWW/B/WB/B/WWWWWW/WB/WWWB/$$

のように区切りを入れてブロック化することができる。

以下，情報源ブロックの平均長さを計算する。そのため，つぎのような2元
無記憶情報源 S を考えよう。

$$S = \begin{pmatrix} B, & W \\ p, & 1-p \end{pmatrix} \tag{4.2}$$

ただし，$p < 1-p$ とする。このとき，B を区切りとして W のランレングスで
表した情報源ブロックの長さ n_N を求めるために，情報源ブロックを符号の木
で表してみよう。B を1，W を0のように考えれば，情報源ブロックは**図 4.7**
のような2元符号の符号の木で表すことができる。

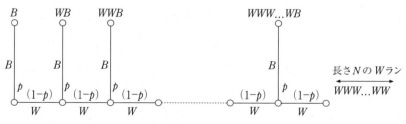

図 4.7　情報源ブロックを符号の木で表す

符号の木に割り当てられる情報源ブロックはすべて葉に割り当てられて，その数は全部で $N+1$ 個となる。これを用いて情報源ブロックの平均長さを求めよう。この図より，情報源ブロックとその生起確率の対応は

[情報源ブロック]	[生起確率]
B	p
WB	$(1-p)p$
WWB	$(1-p)^2 p$
$\vdots$	$\vdots$
$\underbrace{WW\cdots W}_{N-1}B$	$(1-p)^{N-1}p$
$\underbrace{WW\cdots WW}_{N}$	$(1-p)^N$

となるから，情報源ブロックの平均長さ n_N は式 (3.31) を適用すると

$$
\begin{aligned}
n_N &= p + 2(1-p)p + \cdots + N(1-p)^{N-1}p + (1-p)^N \\
&= \frac{p\left\{(1-p) + 2(1-p)^2 + \cdots + N(1-p)^N\right\}}{1-p} + N(1-p)^N \\
&= \frac{p}{1-p}\sum_{i=1}^{N} i(1-p)^i + N(1-p)^N \\
&= \frac{1-(1-p)^N}{p}
\end{aligned}
\tag{4.3}
$$

となる。ここで，最後の式は脚注†にある式を用いて導いた。

〔**3**〕 **固定長ランレングス符号**　　情報源記号系列をランレングスでブロック化し，その長さを固定長で 2 進数表現したものを符号語とすれば一意復号可能となる。これを固定長ランレングス符号と呼ぼう。符号語の長さを L とすれば，ランレングスとして $0 \sim 2^L - 1$ まで表すことができる。2^L 以上のランレングスに対しては複数の符号語が割り当てられることになる。

---

† $\displaystyle\sum_{r=1}^{N} r x^r = \frac{x(1-x^N)}{(1-x)^2} - \frac{N x^{N+1}}{1-x}$

例えば，符号語の長さが3とすれば，表すことができるランレングスは 0〜7 までであるから，つぎの 24 個の 2 元記号の系列

$$WWBWWWWWWBWBBWWWWWWWWWWWB$$

をランレングスで表すと 2, 6, 1, 0, 7, 3 となる。ランレングスの値を 3 ビットの 2 進数で表して

010/110/001/000/111/011/

のように六つの符号語を使えば，18 個の 0 または 1 の記号系列で表せるので，もとの記号系列の長さよりも短くなる。

ランレングスを固定長 L の 2 進数で表したものを符号語とするのであるから，1 情報源記号当りの平均符号長 l_N は，符号語の長さ L を情報源ブロックの長さで除した値となる。長さ L の符号語で表現できる最大ランレングス長は $N = 2^L - 1$ であり，情報源ブロックの平均長さ n_N は式 (4.3) より求められるので，l_N は次式のようになる。

$$l_N = \frac{L}{n_N}, \quad N = 2^L - 1 \tag{4.4}$$

ここで，固定長ランレングス符号の符号長 L を長くしていった場合に l_N がどのようになるかを式 (4.4) から考えてみよう。

式 (4.3) において，$0 < p < 1$ より $1 - (1-p)^{2^L-1} < 1$，および，情報源ブロックの長さは 1 以上であることより $1 < n_N < 1/p$ となる。これを式 (4.4) に代入すると $pL < l_N < L$ となり，L を大きくして $(1-p)^{2^L-1} \to 0$ とすれば $n_N \to 1/p$ となるから $l_N \to pL$ となる。$pL > 1$ のときは $l_N > 1$ となり，L が大きいと 1 情報源記号当りの平均符号長は 1 を超えるので効率は悪くなる。

したがって，固定長ランレングス符号は符号語の長さ L があまり大きくない範囲でのみ有効となる。このことを例題を用いて確かめてみよう。

例題 4.5　3 枚のコインを同時に振って，3 枚ともすべて表であったら A，それ以外であったら B を出力する情報源 S がある。この情報源から発生する記号系列をランレングスを用いてブロック化して，これを固定長 $L = 2$

の符号語とする 2 元符号を考える。1 情報源記号当りの平均符号長を計算せよ。さらに，$L = 3, 4, 5$ とした場合も同様に計算せよ。

【解答】 この情報源 S はつぎのように表すことができる。

$$S = \begin{pmatrix} A, & B \\ 1/8, & 7/8 \end{pmatrix}$$

この情報源のエントロピー $H(S)$ は

$$H(S) = -\frac{1}{8}\log_2\frac{1}{8} - \frac{7}{8}\log_2\frac{7}{8} \simeq 0.544$$

となる。

ここでは情報源記号系列をブロック化する場合，B のランレングスを用いて A を区切りとする。B のランレングスを固定長 L の 2 進数で表したものを符号語とする。この場合，$L = 2, 3$ における情報源ブロックを符号の木の葉に割り当てると図 **4.8** のようになる。

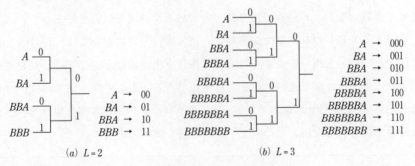

(a) $L = 2$ 　　　　 (b) $L = 3$

図 **4.8**　固定長ランレングス符号の例

まず，$L = 2$ の場合では，$N = 3$ までのランレングスを表せるから，情報源ブロックの平均長さ n_3 は式 (4.3) より

$$n_3 = \frac{1 - (7/8)^3}{1/8} \simeq 2.641$$

となる。符号語の長さは 2 であるから，1 情報源記号当りの平均符号長 l_3 は

$$l_3 = \frac{L}{n_3} \simeq 0.757$$

となる。つぎに $L = 3$ の場合では，$N = 7$ までのランレングスを表せるから，上

記と同様に情報源ブロックの平均長さ n_7 を計算すると

$$n_7 = \frac{1-(7/8)^7}{1/8} \simeq 4.858$$

となり，1情報源記号当りの平均符号長 l_7 は

$$l_3 = \frac{L}{n_7} \simeq 0.617$$

が得られる。

　同様に，$L=4,5$ とした場合は式 (4.4) を用いて計算すると，$L=4$ において は $N=15$ となり，$l_{15} \simeq 0.578$ となることが確かめられる。しかし，$L=5$ にお いては $N=31$ で $l_{31} \simeq 0.635$ となり，$L<5$ の場合よりも小さくならない。　◇

　この例題では $L=4$ までは固定長ランレングス符号が有効となることを示し た。この符号が有効となる L の値は p の値に依存する。つまり，p の値が小さ ければ L の値を大きくすることができるので，式 (4.2) のような情報源におい て，$p, 1-p$ の偏りが大きい場合は，固定長ランレングス符号でも l_N の値を小 さくできる。なお，符号語の長さは一定であるから復号は容易である。

〔**4**〕　**ランレングスハフマン符号**　　情報源符号化においては，符号語とし て固定長の符号を用いるよりも可変長の符号を用いるほうが平均符号長を短く できることは，**3**章で述べたことから予想できる。ここでは，情報源ブロック は 0 から N までのランレングスとし，このブロックの生起確率を用いてハフマ ン符号で符号化した場合について平均符号長を調べてみよう。

　例題 4.6　　情報源は例題 4.5 と同じとし，$0 \sim N$ のランレングスを情報源 ブロックとする。最大ランレングスを $N=3$ とした場合，情報源ブロック をハフマン符号で符号化して，1情報源記号当りの平均符号長を計算せよ。 また，同様に $N=4$ とした場合についても計算してみよ。

【解答】　$N=3,4$ としたランレングスハフマン符号の符号の木を図 **4.9** に示す。 括弧内は各ブロックの生起確率である。この図に示すように各符号語の長さは等 しくないので，1符号語の平均符号長を $\bar{L}$ で表したとき，$N=3$ においては

$$\bar{L} = \frac{343}{512} \times 1 + \frac{1}{8} \times 2 + \frac{7}{64} \times 3 + \frac{49}{512} \times 3 = 1.535$$

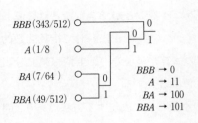

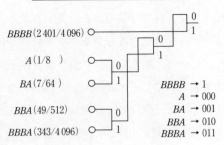

(a) $N = 3$ の場合のランブロック　　(b) $N = 4$ の場合のランブロック

図 4.9　ランレングスハフマン符号

となる。1 情報源ブロックの平均長さは $N = 3$ を式 (4.3) に代入すると $n_3 = 2.641$ が得られるから，1 情報源記号当りの平均符号長は

$$l_3 = \frac{\bar{L}}{n_3} = 0.581$$

となる。$N = 4$ とした 1 情報源記号当りの平均符号長も以下のように求まる。

$$\bar{L} = \frac{2\,401}{4\,096} \times 1 + \frac{1}{8} \times 3 + \frac{7}{64} \times 3 + \frac{49}{512} \times 3 + \frac{343}{4\,096} \times 3 = 1.828$$

$$n_4 = 3.311, \quad l_4 = \frac{\bar{L}}{n_4} = 0.552 \hspace{3cm} \diamond$$

例題より，固定長符号を用いた場合よりも 1 情報源記号当りの平均符号長が短くなっていることがわかる。さらに，$N = 5$ とした場合は $l_5 = 0.546$ となる。式 (4.2) のような情報源 S をランレングスハフマン符号で符号化する場合は N の増加に対して，1 情報源記号当りの平均符号長 l_N をエントロピー $H(S)$ に近づけることができ，図 4.5 に示す固定長ブロック化ハフマン符号より効率がよい。

4.4　算 術 符 号

〔1〕　算術符号とは　　情報源ブロックと数値を対応させた符号として算術符号（arithmetic code）がある。この符号は 1 情報源記号当りの符号化，および復号の計算量が一定であるという特徴をもっている。

ハフマン符号は情報源を n 次に拡大して n を大きくすることにより，1情報源記号当りの平均符号長をエントロピーに近づけることができることは確認した。しかし，符号語を割り当てる情報源ブロックの数が n に対して指数関数的に増加するので，生起確率の並べ替えなどの演算が多くなり，1情報源記号当りの符号化，復号の計算量が n に対して急激に増大する。

算術符号は情報源ブロックを区間 $[0, 1)$ の小数として表現する方法であり，四則演算と数値の比較のみの演算で符号化を行うことができる。ただし，$[x, y)$ は区間の最小値 x の値はこの区間に含まれるが，最大値 y の値はこの区間に含まれないことを表す。

〔2〕 **情報源ブロックと実数値の対応**　　情報源ブロックを実数値に変換する例として，ディジタル-アナログ（D-A）変換がある。これは，0 と 1 の情報源ブロックで表される2進数（ディジタル）を実数値（アナログ）に変換する操作であると考えることができる。D-A 変換の例として，簡単のため長さ2の2進数が区間 $[0, 1)$ の範囲の実数値に変換される例を考えてみよう。

長さ2の2進数は $\{00, 01, 10, 11\}$ の四つである。この数だけ区間 $[0, 1)$ を等分に区切り，それぞれの2進数に対して区切られた区間を**図 4.10**(a) のように割り当てる。そして，その区間の中の一つの数値を2進数に対応する実数値として決めればディジタル量をアナログ量に変換できる。

割り当てられた区間内であれば，どの値の実数値に割り当ててもよいが，ここでは，区間の最小値に割り当てることにしてみよう。すると，図 (b) のような入力と出力の対応ができる。

この出力の数値をもとの2進数に戻すときは図 (b) の対応を逆に用いて図 (c) のようにすればよい。これはアナログ-ディジタル（A-D）変換となる。

これらの一連の操作において，2進数を 0 と 1 を出力する情報源からの2元情報源ブロックと考えれば，情報源ブロックと実数値が対応することになる。例えば，つぎのような2元無記憶情報源 S を考えよう。

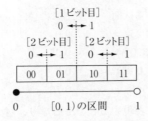

(a) 各記号系列に対応する範囲

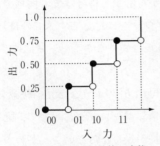

(b) 記号系列→実数値の変換

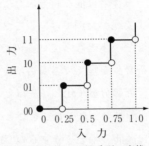

(c) 実数値→記号系列の変換

図 4.10 2元情報源ブロックと [0, 1) の数値の対応（等分量子化）

$$S = \begin{pmatrix} A, & B \\ p, & 1-p \end{pmatrix} \qquad (4.5)$$

A を 1, B を 0 と考えれば，先ほど述べた D-A 変換の操作で 2 元情報源ブロックに対する実数値を決めることができる。

ここで，式 (4.5) のような情報源から発生する 2 元情報源ブロックの符号化を考えてみよう。符号語は変換された実数値を 2 進数で表したものを用いれば 2 元符号となる。ただし，最初の 0 と小数点はすべてに共通であるからこれを省略したものを情報源ブロックに対応する符号語とする。この一連の対応をつぎに示す。

情報源ブロック	対応する区間	変換された値 z	z の2進数表現	符号語
BB	$[0, 0.25)$	0.0	0.00	00
BA	$[0.25, 0.5)$	0.25	0.01	01
AB	$[0.5, 0.75)$	0.5	0.10	10
AA	$[0.75, 1)$	0.75	0.11	11

　ここで，0.5 を2進数で表現すると 0.1 となり，対応する符号語を1としてしまうと 0.75 が対応する 11 との区別がつかないので，0.5 に対しては 10 を割り当てて一意復号可能な符号としている。0.0 が対応する符号語でも同様である。

　ここまで述べた例では，長さ2の情報源ブロックに対してすべての符号語のが長さ2ビットとなっているので，平均符号長は短くならない。そこで，つぎに平均符号長を短くできる方法を考えてみよう。

　〔**3**〕　**非等分量子化**　　先ほどと同様に，式 (4.5) のような2元情報源を考えて，情報源ブロックの長さを2としよう。各情報源ブロックに対して，**図 4.10** のように区間の幅を等分するのでは平均符号長が短くならないことがわかった。

　そこで，区間の幅を各情報源ブロックの生起確率によって変化させる方法を考えてみよう。例として，$p = 1/4$ とする。区間を分割するときに，各ビットの1に対して p，0に対して $1 - p$ を割り当てる。すると，**図 4.11** に示すように，非等分量子化（幅が一定でない量子化）を用いた A-D 変換を考えることができる。図 (*a*) を見ると，式 (4.5) の情報源において情報源記号 A, B をそれぞれ 1，0 とすれば区間の幅がその情報源ブロックの生起確率に対応していることがわかる。

　それでは，情報源ブロックに実数値を一つ割り当ててみよう。**図 4.10** と同様に各情報源ブロックに対して，それに対応する区間最小値を割り当てた場合は，入力と出力の関係は**図 4.11**(*b*) のようになる。このようにした場合，もとの情報源ブロックに戻すときは図 (*c*) のようにすればよい。では，符号語を割り当ててみよう。

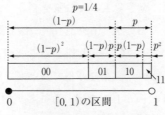

(a) 各記号系列に対応する範囲

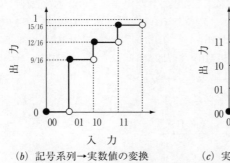

(b) 記号系列→実数値の変換   (c) 実数値→記号系列の変換

図 4.11 2元情報源ブロックと $[0,1)$ の数値の対応（非等分量子化）

情報源ブロック	対応する区間	区間の最小値 z	z の2進数表現	符号語
BB	$[0, 9/16)$	0	0.0000	0
BA	$[9/16, 12/16)$	9/16	0.1001	1001
AB	$[12/16, 15/16)$	12/16	0.1100	110
AA	$[15/16, 1)$	15/16	0.1111	1111

ここで，AB に対応する数値 0.1100 については，最後の 0 がなくてもほかと区別できるので省略してよい。符号語の平均符号長を計算すると，それぞれの情報源ブロックの生起確率は 9/16，3/16，3/16，1/16 であるから

$$\bar{L} = \frac{9 \times 1 + 3 \times 4 + 3 \times 3 + 1 \times 4}{16} = \frac{34}{16}$$

となり，平均符号長が 2 ビット以上となるので，この符号化によってかえって長くなってしまった。そこで，平均符号長を短くできる方法を再考してみよう。

ここで，情報源ブロックに対応する実数値を最小値に選ぶのではなく，2 進数表現をしたときにビット長ができるだけ短くなり，かつ，ほかの符号語と区

別できる（つまり，一意に復号できる）数値を割り当てることにしてみよう。

例えば，図 **4.11**(c) をみると [9/16, 12/16) の値であれば，どの値であっても情報源ブロック 01（つまり BA）が対応することがわかる。そこで，この情報源ブロックには 10/16 という値を割り当てると，これを 2 進数表現した数は 0.1010 となるので符号語として 101 を用いることができる（最後の 0 はなくてもほかと区別できる）。以下に各情報源ブロックと符号語の対応を示す。

情報源ブロック	対応する区間	変換された値 z	z の 2 進数表現	符号語
BB	$[0, 9/16)$	0	0.0000	0
BA	$[9/16, 12/16)$	10/16	0.1010	101
AB	$[12/16, 15/16)$	12/16	0.1100	110
AA	$[15/16, 1)$	15/16	0.1111	1111

この場合の平均符号長を計算すると

$$\bar{L} = \frac{9 \times 1 + 3 \times 3 + 3 \times 3 + 1 \times 4}{16} = \frac{31}{16}$$

となるから，1 情報源記号当りでは 31/32〔ビット〕となり，もとの情報源ブロックよりも短くできる。

〔**4**〕 **算術符号の符号化と復号の操作**   情報源が式 (4.5) のような 2 元情報源を算術符号で符号化する場合を考える。この場合の算術符号の符号化および復号の操作を以下に示す。

[符号化の手順]

1. 最初の範囲を $[0, 1)$ とし，A と B の生起確率をそれぞれ $p, 1-p$ とする。また，情報源ブロックの長さを n とする。

2. 以下の操作を n 回繰り返す。
   情報源記号を一つずつ読み，現在の区間が $[x, y)$ であるとき

   (a) 情報源記号が A であったら，$px + (1-p)y$ を区間の最小値とする。最大値はそのまま $(x \leftarrow px + (1-p)y, \; y \leftarrow y)$。

   (b) 情報源記号が B であったら，$px + (1-p)y$ を区間の最大値とする。最小値はそのまま $(x \leftarrow x, \; y \leftarrow px + (1-p)y)$。

3. 決定した区間の中で，2 進数で表したときに最もビット数が少なくて済む数を選び，その小数点以下を符号語とする。

[復号の手順]

1. 最初の範囲を $[0,1)$ とし，もとの情報源記号系列の長さを n，および A と B の生起確率をそれぞれ $p, 1-p$ とする。また，情報源ブロックの長さを n とする。

2. 以下の操作を n 回繰り返す。

   符号語の最初に 0 と小数点を付けて 2 進数表現の小数値とする。現在の区間が $[x,y)$ であるとき

   (a) 小数値が $px + (1-p)y$ であれば A を出力して，区間の最小値を $px + (1-p)y$ とする。最大値はそのまま $(x \leftarrow px + (1-p)y, y \leftarrow y)$。

   (b) 小数値が $px + (1-p)y$ より小さければ B を出力して，区間の最大値を $px + (1-p)y$ とする。最小値はそのまま $(x \leftarrow px + (1-p)y, y \leftarrow y)$。

これら一連の操作を $p = 1/4$ として，長さ 2 の情報源ブロック BA の場合の例について図 *4.12* に示す。

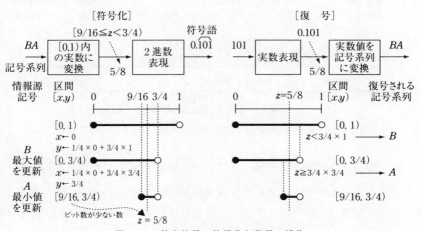

図 *4.12* 算術符号の符号化と復号の操作

以上述べたように，算術符号の符号化および復号の操作は四則演算と比較だけであるから，1情報源記号当りの符号化および復号の手間は一定となる。算術符号においても情報源ブロックを長くして符号化を行うことにより，1情報源記号当りの平均符号長は情報源のエントロピーに近づくことが知られている。

例題 4.7   式 (4.5) と同様に，A, B の生起確率が $1/4, 3/4$ となる2元情報源がある。つぎの長さ4の情報源ブロックを算術符号で符号化せよ。

$$BBBB, BBBA, BBAB, BBAA$$

【解答】   例として情報源ブロック $BBBA$ に割り当てる区間を計算する操作を図 **4.13** に示す。それぞれの情報源ブロックに対応する区間，符号語をつぎに示す。

情報源記号		区間 $[x, y)$
		$[0, 1)$
B	$x \leftarrow x, y \leftarrow 0 + 3/4 \times 1$	$[0, 3/4)$
B	$x \leftarrow x, y \leftarrow 0 + 3/4 \times 3/4$	$[0, 9/16)$
B	$x \leftarrow x, y \leftarrow 0 + 3/4 \times 9/16$	$[0, 27/64)$
A	$x \leftarrow 0 + 3/4 \times 27/64, y \leftarrow y$	$[81/256, 27/64)$

情報源ブロック	対応する区間	変換された値 z	z の2進数表現	符号語
$BBBB$	$[0, 81/256)$	0	0.00000	00
$BBBA$	$[81/256, 27/64)$	3/8	0.01100	011
$BBAB$	$[27/64, 135/256)$	1/2	0.10000	10000
$BBAA$	$[135/256, 9/16)$	17/32	0.10001	10001

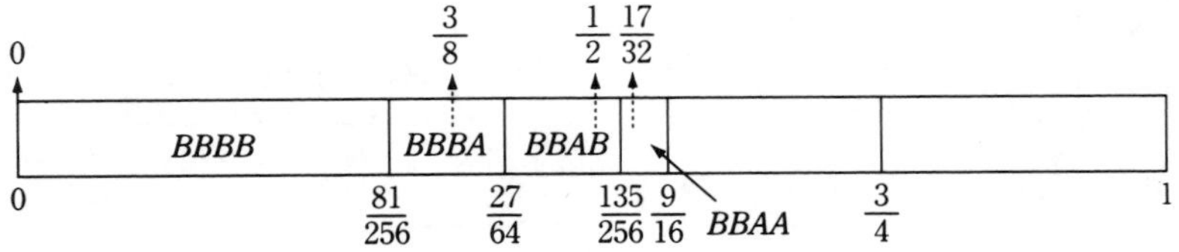

図 4.13   算術符号における情報源ブロックに対応する区間の計算   ◇

〔5〕 **シャノン・ファノ符号**   ここで，情報源ブロックと数値を関連づけた符号として**シャノン・ファノ符号**（Shannnon-Fano code）について触れる。**3** 章の演習問題【**7**】の**表 3.7** で示したシャノン符号と同じで，その平均符号長は定理 **3.6** を満たす。式 (3.1) で与えられる情報源 S に対する符号化操作を

示す。

1. 情報源記号 $a_1, \cdots, a_M$ は確率の降順であるとする ($p_1 \geqq \cdots \geqq p_M$)。

2. $q_1 = 0$ として，$q_j = \displaystyle\sum_{i=1}^{j-1} p_i, \ j = 2, \cdots, M$ を計算する。

3. q_j を 2 進展開して，その小数点以下 $\lceil -\log_2 p_j \rceil$ 〔ビット〕を a_j に対する符号語とする。ただし，$\lceil x \rceil$ は実数 x の小数点以下切り上げを表す。

ここで，**表 3.7** で示した符号化例を**表 4.1** に示す。ただし，ここでは降順に並べ替えたため情報源記号の添え字の対応が**表 3.7** とは異なる。

表 4.1 シャノン・ファノ符号の符号化例

情報源記号	確率 p_j	$\lceil -\log_2 p_j \rceil$	q_j	q_j の 2 進数表現	符号 C_1
a_1	3/8	2	0	0.0000	00
a_2	1/4	2	3/8	0.0110	01
a_3	3/16	3	5/8	0.1010	101
a_4	1/8	3	13/16	0.1101	110
a_5	1/16	4	15/16	0.1111	1111

4.5 ZL 符 号

〔**1**〕 **ユニバーサル符号**　　ハフマン符号にしても算術符号にしても，符号化を行うときにはデータとなる情報源記号の生起確率などの統計量を用いる必要がある。そのため，実際にこのような符号を用いる際には，符号化の前に情報源記号の生起確率を調べる必要がある。これに対し，本節では，あらかじめ統計量を調べることなく構成できる符号について述べる。

このような符号はデータの統計的性質に依存せず，どんなデータでも扱えるという意味では万能であるので，**ユニバーサル符号**（universal code）と呼ばれている。ここでは，ユニバーサル符号の代表的な例である **ZL 符号**（Ziv-Lempel code：ZL code）について述べる。この符号はデータの統計量でない量を用いて構成される符号である†。

---

† 辞書を用いる符号と呼ばれている。

〔**2**〕 **ZL 符 号**   ここでは，ZL 符号として 1977 年に発表された方法[6]
について説明しよう。情報源記号が A, B の二つである 2 元情報源を考える。
ここでは，情報源からの出力がつぎのような記号系列となったとしよう。

　　　　$ABAABABAAABAABAAABBAABABB$

これをある規則に従って区切りを入れてこれらの情報源記号をブロック化して
みよう。

　　　　$A/B/AA/BAB/AAA/BAABAA/ABB/AABABB/$

　上記の区切りは以下に述べる規則に従って入れている。最初の A, B は初め
て生起したので，それぞれを一つの区切りとする。つぎの AA に関しては一度
A という記号が生起しているので，これに A を付け加えて AA として情報源ブ
ロックとする。また，BA という記号系列が左から 2 番目から 3 番目にかけて
現れているので，これに B を付け加えて BAB として区切りを入れる。同様に
AA は左から 3 番目に現れているから，これに A を付け加えて AAA とする。
つぎの $BAABA$ は左から 2 番目から 6 番目にかけて現れているから，これに
A を加えて $BAABAA$ としている。

　上に示したブロック化は，すでにブロック化した記号系列をメモリに記憶し
ておくことで実現できる。情報源ブロックを作るときは，メモリの中を参照し
て一致する記号系列を探す。そして，一致しない最後の一記号だけを付け加え
て一つのブロックとするのである。

　必要となる情報は「位置と長さ」であるから，統計量でないので事前にデー
タ全体を調べる必要がない。ただし，文字列が存在する位置情報が必要となる
から，先ほどの記号系列の例に位置を示す値（ポインタ）を付け加えてみよう。

　1　2　3　4　5　6　7　8　9　10　11　12　13　14　15　16　17　18　19　20　21　22　23　24　25
　A/　B/　A　A/　B　A　B/　A　A　A/　B　A　A　B　A　A/　A　B　B/　A　A　B　A　B　B/
　この記号系列をつぎのように表す。

　　　　$A/B/(1,1,A)/(2,2,B)/(3,2,A)/(2,5,A)/(1,2,B)/(3,5,B)/$

これは，最初の二つを除いてつぎのように表されている。

　　　　（一致する記号系列の先頭位置，記号系列の長さ，付け加える記号）

一致する記号系列の 位置を2進数表現	記号系列の長さを 2進数表現	付加する記号を 0と1で表現

図 **4.14** ZL 符号の符号語の構成

これを 2 元記号で表す場合は**図 4.14** のようにすればよい。

〔**3**〕　**符号化と復号の操作の概要**　　ZL 符号では，すでに生起した記号系列から一致する記号系列を探すので，記号系列を記憶するためのメモリが必要となる。このメモリの部分と，記号系列を入力する部分を合わせてバッファと呼ぶ。バッファの長さを n として，このバッファの中に一度に入力する情報源記号の最大数を L_s としよう。このバッファを**図 4.15** に示す。

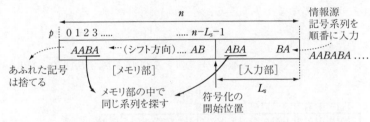

図 **4.15** ZL 符号で用いるバッファの例

この図において，左側の部分（長さ $n-L_s$）はすでに符号化を行った記号系列を記憶するための部分で，これをメモリ部と呼ぶことにする。メモリ部は符号化を行うときに参照される部分である。また，右側の部分（長さ L_s）はこれから符号化する記号系列が入っており，これを入力部としよう。バッファのメモリ部には位置を示す値（ポインタ）p が必要になる。

以下に符号化の操作を示す。

1. **図 4.15** のようなバッファを用意して，はじめにメモリ部にあらかじめ決められた $(n-L_s)$ 個の記号を入力しておく。

2. 情報源記号を L_s 個入力する。

3. メモリ部を見て，入力部の符号化位置からの記号系列と一致するものを探し，その位置と系列の長さを求め，その後に付け加える一つの記号を

つないで，図 *4.14* のようにな符号語を作る。

4.   3. で符号化された情報源ブロックをシフトしてメモリ部に移す。つぎに
   入力すべき情報源記号があれば，シフトした分だけつぎの情報源記号を
   入力して 3. に戻る。

情報源記号系列を上記であげた例と同じとして，$n = 24, L_s = 8$ とした場
合について図 *4.16* に符号化の操作例を示す。はじめにメモリ部にはあらかじ
め記号 A を入れておく。メモリ部のポインタ値 p は 0〜15 なので 4 ビットの 2
進数で表せる。一方，入力部の長さは $L_s = 8$ であるから，情報源ブロックの
最大長は L_s となる。情報源ブロックはつぎのような構成となっている。

   (メモリ部の中で再生できる記号系列) + (付け加える 1 記号)

したがって，$L_s = 8$ とすると，再生できる記号系列の長さは 7 までであるか

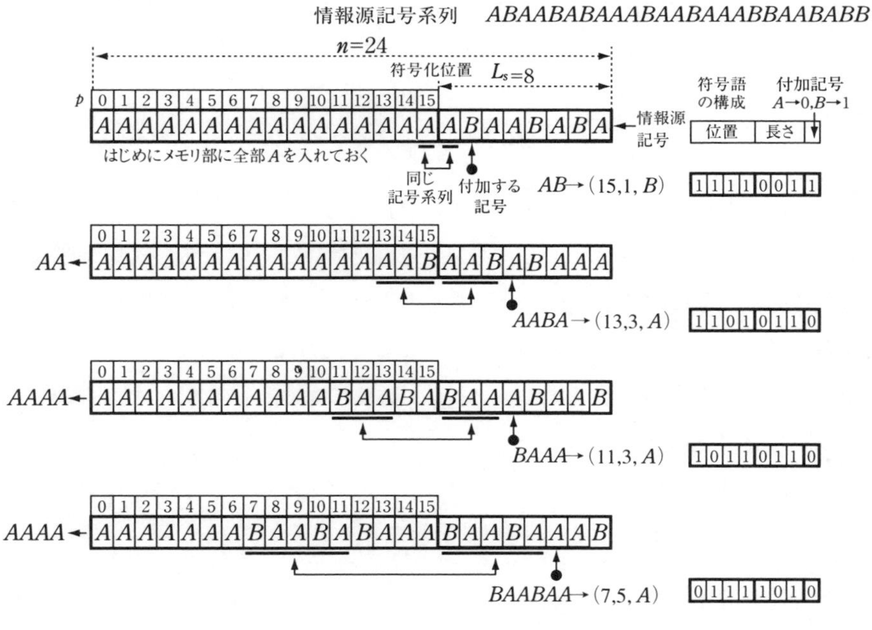

AB/AABA/BAAA/BAABAA/ABB/AABABB/

図 *4.16*   ZL 符号の符号化の操作例

ら，系列の長さは3ビットの2進数で表せる。付け加える1記号は2元情報源であれば1ビットで表すことができる。したがって，図中に示すように8ビットの符号語からなる2元符号を構成できる。このような操作で，上記の情報源記号系列は以下のようにブロック化される。

AB/AABA/BAAA/BAABAA/ABB/AABABB/

ここでは，*A* という記号があらかじめメモリ部に入っているので，記号系列が同じでも前に述べた区切り方と異なっていることに注意しよう。

ZL 符号の符号語の復号の操作例を図 *4.17* に示す。符号化操作と同様に，図 *4.15* に示すようなバッファを用いて，あらかじめ決められた記号を入れておいてから復号を開始し，メモリ部に復元された記号を順次記憶しておくことで，もとの情報源記号系列を復元できることがわかる。

符号語系列 $11110011/11010110/10110110/ \rightarrow (15,1,B)\,/\,(13,3,A)\,/\,(11,3,A)$

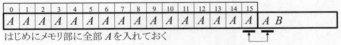

はじめにメモリ部に全部 *A* を入れておく

15番目から1文字に *B* を付加 $(15,1,B) \rightarrow AB$

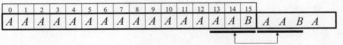

13番目から3文字に *A* を付加 $(13,3,A) \rightarrow AABA$

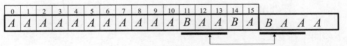

11番目から3文字に *A* を付加 $(11,3,A) \rightarrow BAAA$

図 *4.17* ZL 符号の復号の操作例

コーヒーブレイク

朝顔につるべ取られてもらい水

　有名な加賀の千代女の俳句である。俳句は日本の誇る文化の一つである。五七五音の短い言葉に非常にたくさんの情感を盛り込むことのできる優れた符号化の一つ？

演 習 問 題

【1】 つぎのような情報源 S がある。

$$S = \begin{pmatrix} a_1, & a_2, & a_3, & a_4, & a_5, & a_6 \\ 0.05, & 0.4, & 0.1, & 0.12, & 0.18, & 0.15 \end{pmatrix}$$

以下の問に答えよ。

(1)　S のエントロピー $H(S)$ を計算せよ。

(2)　各情報源記号をハフマン符号の符号語に符号化せよ。

(3)　平均符号長を求めよ。

【2】 52 枚のトランプをよく切って，任意に 1 枚取り出してハートのマークが出たら A，それ以外のマークが出たら B を出力する情報源 S がある。以下の問に答えよ。

(1)　S のエントロピー $H(S)$ を計算せよ。

(2)　この情報源から発生する情報源記号系列を長さ 2，および 3 でブロック

化してハフマン符号に符号化せよ。

(3) 前問 (2) のそれぞれの 1 情報源記号当りの平均符号長を求めよ。

【3】 つぎのような情報源 S を考える。

$$S = \begin{pmatrix} W, & B \\ 0.9, & 0.1 \end{pmatrix}$$

この情報源 S をランレングス符号を用いて符号化する。この場合，B を区切りとし W のランレングスを用いる。以下の問に答えよ。

(1) S のエントロピーを計算せよ。

(2) 符号語の長さ $L = 3$ とした固定長ランレングス符号で符号化した場合の 1 情報源記号当りの平均符号長を求めよ。

(3) 最大ランレングス $N = 4$ とした場合，ランレングスハフマン符号で符号化せよ。また，1 情報源記号当りの平均符号長を求めよ。

【4】 つぎの情報源 S を考える。

$$S = \begin{pmatrix} A, & B \\ 0.2, & 0.8 \end{pmatrix}$$

この情報源から発生する記号系列を算術符号で符号化したい。長さ 3 の記号系列 BBB を符号化する場合，$[0, 1)$ のうちでこの系列が対応する区間を求めよ。また，符号語はどのようになるか。

【5】 ZL 符号を用いて符号化を行いたい。はじめに A という記号があるとして，これを情報源記号系列の前に付けてから情報源ブロックを作る操作を行う。例えば，つぎの情報源記号系列

　　　　ABBAABABAAABBB

は最初に A を付けると

　　　　A/AB/BA/ABA/BAAA/BBB/

のように区切りを入れてブロック化することができる。例と同様にして，つぎの 3 元情報源記号系列の最初に A を付けて，記号系列に区切りを入れてブロック化してみよ。

　　　　ACAABAACCBABCAABCBB

5

各 種 情 報 量

本章の目的は，大きく分けるとつぎの二つである。

目的 1. 結合エントロピーおよび条件つきエントロピーについて学んだ後，通信路の出力を知ることによってもたらされる通信路の入力に関する情報を表す相互情報量を定義し，結合エントロピーおよび条件付きエントロピーとの関係を調べること。

目的 2. マルコフ情報源のいくつかの性質を学んだ後，そのエントロピーを調べること。

5.1 結合エントロピー

3章および4章で図1.10における情報源符号器について述べた。つぎは，図1.10における通信路符号器について述べなければならない。しかしながら，その前に，6章で必要な相互情報量などについて検討する。

また，いままで，3.1節で述べたさいころ振りのような無記憶情報源について述べてきた。この章の最後に，発生する記号が2.5節で述べたマルコフ過程をなすようなマルコフ情報源のいくつかの性質とエントロピーについて検討することにする。

事象 x_i および y_j の生起確率をそれぞれ $P(x_i)$ および $P(y_j)$ で表すとし，つぎのような二つの情報源 X, Y を考える。

$$X = \begin{pmatrix} x_1, & x_2, & \cdots, & x_M \\ P(x_1), & P(x_2), & \cdots, & P(x_M) \end{pmatrix} \tag{5.1}$$

$$Y = \begin{pmatrix} y_1, & y_2, & \cdots, & y_N \\ P(y_1), & P(y_2), & \cdots, & P(y_N) \end{pmatrix} \tag{5.2}$$

ここで

$$\sum_{i=1}^{M} P(x_i) = 1, \quad 0 \leqq P(x_i) \leqq 1 \tag{5.3}$$

$$\sum_{j=1}^{N} P(y_j) = 1, \quad 0 \leqq P(y_j) \leqq 1 \tag{5.4}$$

また, $P(x_i)$ および $P(y_j)$ はそれぞれ **2** 章で述べた $P(X = x_i)$ および $P(Y = y_j)$ のことで, 今後は簡単のためこの表記法を用いることにする。情報源 X, Y の**結合エントロピー** (joint entropy) $H(X, Y)$ を次式で定義する。

定義 5.1 (結合エントロピー)

$$H(X, Y) = -\sum_{i=1}^{M} \sum_{j=1}^{N} P(x_i, y_j) \log_2 P(x_i, y_j) \quad 〔ビット/記号〕 \tag{5.5}$$

ここで, $P(x_i, y_j)$ は **2** 章で述べた結合確率を表す $P(X = x_i, Y = y_j)$ のことで, 今後は簡単のためこの表記法を用いることにする。また, 情報理論では, 事象を記号で表すことが多いので, ここでは各種エントロピーの単位として〔ビット/記号〕を用いることにする。

例題 5.1 情報源 X と Y がたがいに独立であるとき

$$H(X, Y) = H(X) + H(Y) \tag{5.6}$$

であることを証明せよ。

証明 情報源 X と Y がたがいに独立であるから

$$P(x_i, y_j) = P(x_i)P(y_j) \tag{5.7}$$

である。式 (5.5) および式 (5.7) より

$$H(X,Y) = -\sum_{i=1}^{M}\sum_{j=1}^{N} P(x_i)P(y_j)\log_2[P(x_i)P(y_j)]$$

$$= -\sum_{i=1}^{M}\sum_{j=1}^{N} P(x_i)P(y_j)\log_2 P(x_i) - \sum_{i=1}^{M}\sum_{j=1}^{N} P(x_i)P(y_j)\log_2 P(y_j)$$

$$= -\sum_{j=1}^{N} P(y_j)\sum_{i=1}^{M} P(x_i)\log_2 P(x_i) - \sum_{i=1}^{M} P(x_i)\sum_{j=1}^{N} P(y_j)\log_2 P(y_j)$$

$$= -\sum_{i=1}^{M} P(x_i)\log_2 P(x_i) - \sum_{j=1}^{N} P(y_j)\log_2 P(y_j)$$

$$= H(X) + H(Y)$$

となって，式 (5.6) が証明された。 ♠

例題 5.2 よく切ったトランプ 52 枚から 1 枚を抜く試行を 2 回行うもの
とする。1 回目の試行の後，その札をもとに戻しもう一度よく切るものと
する。1 回目の試行でその札がハート，クローバ，ダイヤおよびスペード
である事象をそれぞれ記号 x_1, x_2, x_3 および x_4 で表す。2 回目の試行で
その札がハート，クローバ，ダイヤおよびスペードである事象をそれぞれ
記号 y_1, y_2, y_3 および y_4 で表す。1 回目および 2 回目の試行の結果をそれ
ぞれ X および Y で表すとき，結合エントロピー $H(X,Y)$ はいくらか。

【解答】 情報源 X および Y はそれぞれ以下のようになる。

$$X = \begin{pmatrix} x_1, & x_2, & x_3, & x_4 \\ 1/4, & 1/4, & 1/4, & 1/4 \end{pmatrix} \tag{5.8}$$

$$Y = \begin{pmatrix} y_1, & y_2, & y_3, & y_4 \\ 1/4, & 1/4, & 1/4, & 1/4 \end{pmatrix} \tag{5.9}$$

また，$P(x_i, y_j)$ はすべての i, j に対して 1/16 となる。すなわち

$$P(x_i, y_j) = 1/16, \quad i, j = 1, 2, 3, 4 \tag{5.10}$$

式 (5.5) より $H(X,Y)$ は 4〔ビット/記号〕になることが容易にわかる。あるいはま
た，X と Y がたがいに独立であるので，式 (5.6), (5.8), (5.9) からも $H(X,Y) = 4$

〔ビット/記号〕が得られる。   ◇

例題 5.3 プロ野球の新人選択会議で，一人の新人に対し，5 球団が獲得の意思表示を行った。どの球団が入団交渉権をもつかを抽選で決めることになった。くじ 5 本のうち 1 本が当たりくじのくじ引きである。1 球団および 2 球団目のくじ引きという試行の結果をそれぞれ X および Y で表すとき，結合エントロピー $H(X, Y)$ はいくらか。

【解答】 当たりくじおよびはずれくじをそれぞれ 1 および 0 で表すとする。1 球団目が i（1 あるいは 0）で 2 球団目が j（1 あるいは 0）である確率を $P(i, j)$ で表す。

1 球団目が 1（当たり）で 2 球団目も 1 であることはないから $P(1, 1) = 0$，1 球団目が 1 である確率は 1/5 で，このとき 2 球団目は必ず 0（はずれ）であるから $P(1, 0) = 1/5$。1 球団目が 0 である確率は 4/5 で，このとき 2 球団目が 1 である確率は 1/4 で $P(0, 1) = (4/5)(1/4) = 1/5$。

1 球団目が 0 である確率は 4/5 で，このとき 2 球団目も 0 である確率は 3/4 であるから $P(0, 0) = (4/5)(3/4) = 3/5$。これらの結合確率を式 (5.5) に代入すれば，$H(X, Y)$ がつぎのように求められる。

$$H(X, Y) = -(1/5)\log_2(1/5) - (1/5)\log_2(1/5) - (3/5)\log_2(3/5)$$
$$= (2/5)\log_2 5 + (3/5)\log_2(5/3)$$
$$= \log_2 5 - (3/5)\log_2 3 \simeq 1.37 \quad \text{〔ビット/記号〕} \qquad ◇$$

5.2 条件つきエントロピー

〔1〕 条件つきエントロピー 2.4 節で述べた例を再び取り上げて説明しよう。硬貨を 3 回投げたとき，表の出る回数を X とすると，X は 0, 1, 2, 3 のいずれかの値をとる。それぞれの確率は以下のようであった。

$$P(X = 0) = 1/8, \ \ P(X = 1) = 3/8, \ \ P(X = 2) = 3/8, \ \ P(X = 3) = 1/8$$

このとき，情報源 X はつぎのようになる。

$$X = \begin{pmatrix} 0, & 1, & 2, & 3 \\ 1/8, & 3/8, & 3/8, & 1/8 \end{pmatrix} \tag{5.11}$$

いま，2 回目に投げた硬貨の表か裏かを表す確率変数を Y とし，$Y = H$ のとき表，$Y = T$ のとき裏を表すとする。このとき

$$P(Y = T) = 1/2, \quad P(Y = H) = 1/2 \tag{5.12}$$

である。さて，2 回目が裏 (T) であることを知らされたとき，X が各値をとる確率を計算すると，それぞれつぎのようになる。

$$\left. \begin{array}{ll} P(X = 0|Y = T) = 1/4, & P(X = 1|Y = T) = 1/2 \\ P(X = 2|Y = T) = 1/4, & P(X = 3|Y = T) = 0 \end{array} \right\} \tag{5.13}$$

条件つき確率を用いて，条件つき情報量 $I(X = i|Y = T)$ を次式で定義する。

定義 5.2　（条件つきエントロピー）

$$I(X = i|Y = T) = -\log_2 P(X = i|Y = T) \quad 〔ビット／記号〕$$

$$\tag{5.14}$$

これは，2 回目が裏 (T) であることが知らされている条件下で，表が i 回であることを知らされたときに得られる情報量である。

いま，簡単化のため，$I(X = i|Y = T)$ および $P(X = i|Y = T)$ をそれぞれ $I(i|T)$ および $P(i|T)$ と記すことにすると，式 (5.14) は

$$I(i|T) = -\log_2 P(i|T) \quad 〔ビット／記号〕 \tag{5.15}$$

となる。例えば，$I(1|T) = -\log_2 P(1|T) = 1$ 〔ビット／記号〕であることは式 (5.13) からすぐに計算される。$X = 0, 1, 2, 3$ および $Y = H, T$ のすべての場合を考えて，$I(i|T)$ を平均したものを $H(X|Y)$ とおくと

$$H(X|Y) = -P(T) \sum_{i=0}^{3} P(i|T) \log_2 P(i|T)$$

$$-P(H) \sum_{i=0}^{3} P(i|H) \log_2 P(i|H) \quad 〔ビット/記号〕 \quad (5.16)$$

となる。この $H(X|Y)$ は Y（2回目）に関する情報が与えられたときに X にまだ残るあいまいさを表すもので、エントロピーを表すものである。

一般に式 (5.1), (5.2) で定義された情報源 X, Y において、X および Y に関してすべての条件つき確率を考え、平均すると

$$H(X|Y) = - \sum_{j=1}^{N} P(y_j) \sum_{i=1}^{M} P(x_i|y_j) \log_2 P(x_i|y_j) \quad 〔ビット/記号〕$$

$$(5.17)$$

である。X と Y を入れ替えて先ほどとまったく同様に考えると

$$H(Y|X) = - \sum_{i=1}^{M} P(x_i) \sum_{j=1}^{N} P(y_j|x_i) \log_2 P(y_j|x_i) \quad 〔ビット/記号〕$$

$$(5.18)$$

となる。この $H(X|Y)$ および $H(Y|X)$ が**条件つきエントロピー**（conditional entropy）と呼ばれるものである。

例題 5.4 この節の最初にあげた例、すなわち式 (5.11) と式 (5.12) で表される情報源 X, Y の条件つきエントロピー $H(X|Y)$, $H(Y|X)$ を求めよ。

【解答】 式 (3.6) を用いて

$$H(X) = -P(X = 0) \log_2 P(X = 0) - P(X = 1) \log_2 P(X = 1)$$
$$- P(X = 2) \log_2 P(X = 2) - P(X = 3) \log_2 P(X = 3)$$
$$= -(1/8) \log_2(1/8) - (3/8) \log_2(3/8) - (3/8) \log_2(3/8) - (1/8) \log_2(1/8)$$
$$= (1/4) \log_2 8 + (3/4) \log_2(8/3) = 3/4 + 9/4 - (3/4) \log_2 3$$
$$\simeq 1.8 \quad 〔ビット/記号〕$$

$$H(Y) = -(1/2) \log_2(1/2) - (1/2) \log_2(1/2) = 1 \quad 〔ビット/記号〕$$

$H(X|Y = T)$ は式 (5.13) より求まり、$H(X|Y = H)$ も $P(0|H) = 0$, $P(1|H)$ $= 1/4$, $P(2|H) = 1/2$, $P(3|H) = 1/4$ より求まる。したがって、式 (5.17) より

$$H(X|Y) = -P(Y = T)\{P(0|T)\log_2 P(0|T) + P(1|T)\log_2 P(1|T)$$
$$+P(2|T)\log_2 P(2|T) + P(3|T)\log_2 P(3|T)\}$$
$$-P(Y = H)\{P(0|H)\log_2 P(0|H) + P(1|H)\log_2 P(1|H)$$
$$+P(2|H)\log_2 P(2|H) + P(3|H)\log_2 P(3|H)\}$$
$$= -(1/2)\{(1/4)\log_2(1/4) + (1/2)\log_2(1/2) + (1/4)\log_2(1/4)\}$$
$$-(1/2)\{(1/4)\log_2(1/4) + (1/2)\log_2(1/2) + (1/4)\log_2(1/4)\}$$
$$= -(1/4)\log_2(1/4) - (1/2)\log_2(1/2) - (1/4)\log_2(1/4)$$
$$= 1.5 \quad 〔ビット/記号〕$$

つぎに式 (5.18) から $H(Y|X)$ を求めるために, $P(H|i), P(T|i)$ を求めると
$$P(H|0) = 0, \ \ P(T|0) = 1, \ \ P(H|1) = 1/3, \ \ P(T|1) = 2/3,$$
$$P(H|2) = 2/3, \ \ P(T|2) = 1/3, \ \ P(H|3) = 1, \ \ P(T|3) = 0$$
となり, これらの確率と $P(X = 1) = P(X = 2) = 3/8, \log_2 1 = 0$ を用いて計算すると

$$H(Y|X) = -P(X = 0)\{P(H|0)\log_2 P(H|0) + P(T|0)\log_2 P(T|0)\}$$
$$-P(X = 1)\{P(H|1)\log_2 P(H|1) + P(T|1)\log_2 P(T|1)\}$$
$$-P(X = 2)\{P(H|2)\log_2 P(H|2) + P(T|2)\log_2 P(T|2)\}$$
$$-P(X = 3)\{P(H|3)\log_2 P(H|3) + P(T|3)\log_2 P(T|3)\}$$
$$= -(3/8)\{(1/3)\log_2(1/3) + (2/3)\log_2(2/3)\}$$
$$-(3/8)\{(2/3)\log_2(2/3) + (1/3)\log_2(1/3)\}$$
$$= (1/4)\log_2 3 + (1/2)\log_2 3 - (1/2)\log_2 2 \simeq 0.7 \quad 〔ビット/記号〕$$

$$\diamondsuit$$

上の例から, 2 回目が表か裏かの情報を得た後の X のあいまいさ $H(X|Y)$ は 1.5〔ビット/記号〕で, 2 回目が裏か表かの情報を得る前の X のあいまいさ $H(X)$〔ビット/記号〕より 0.3〔ビット/記号〕減少していることがわかる。また, 表が何回出たかを知ったことによる Y のあいまいさの減少も 0.3〔ビット/記号〕であることもわかる。

〔**2**〕 **各種エントロピーの関係**　これまで述べた各種エントロピーの間の関係を検討してみよう。意味的に考えると, 結合エントロピー $H(X, Y)$（X と

Y の結合情報源のあいまいさ) は，情報源 Y のエントロピー $H(Y)$（情報源 Y のあいまいさ）と $H(X|Y)$（Y が知られた後になお残る X のあいまいさ）を加えたものに等しいことに気がつく。したがって，次式が成立する。

$$H(X, Y) = H(Y) + H(X|Y) \tag{5.19}$$

この式は，式 (5.17) などからつぎのように証明される。

$$
\begin{aligned}
H(Y) + H(X|Y) &= -\sum_{j=1}^{N} P(y_j) \log_2 P(y_j) \\
&\quad - \sum_{j=1}^{N} P(y_j) \sum_{i=1}^{M} P(x_i|y_j) \log_2 P(x_i|y_j) \\
&= -\sum_{i=1}^{M} \sum_{j=1}^{N} P(x_i, y_j) \log_2 P(y_j) \\
&\quad - \sum_{i=1}^{M} \sum_{j=1}^{N} P(x_i, y_j) \log_2 P(x_i|y_j) \\
&= -\sum_{i=1}^{M} \sum_{j=1}^{N} P(x_i, y_j) \log_2 [P(y_j) P(x_i|y_j)] \\
&= -\sum_{i=1}^{M} \sum_{j=1}^{N} P(x_i, y_j) \log_2 P(x_i, y_j)] = H(X, Y)
\end{aligned}
$$

X と Y を入れ替えても上とまったく同じことがいえるので次式が成立する。

$$H(X, Y) = H(X) + H(Y|X) \tag{5.20}$$

意味から考えて，情報源 Y の値を得た後の情報源 X に関するあいまいさは，X のあいまいさ以下になることは容易にわかる。すなわち

$$H(X) \geqq H(X|Y) \tag{5.21}$$

等号が成立するのは X と Y がたがいに独立であるとき，すなわち Y の値を得ても X に関するあいまいさが変わらないときである。まったく同様に

$$H(Y) \geqq H(Y|X) \tag{5.22}$$

が成り立つ。

5.3 相 互 情 報 量

〔*1*〕 **相互情報量**　　前節の例題 5.4 で，2 回目が表か裏かの情報を得た後
の X のあいまいさ $H(X|Y)$ はその情報を得る前の X のあいまいさ $H(X)$ よ
り 0.3〔ビット/記号〕減少していること，および表が何回出たかを知ったこと
による Y のあいまいさの減少も 0.3〔ビット/記号〕であることを述べた。

これを逆に考えると，2 回目が表か裏かの情報を得ることにより，X に関し
て 0.3〔ビット/記号〕の情報を得たこと，および表が何回出たかを知ったこと
により Y に関して 0.3〔ビット/記号〕の情報を得たことになる。

このように情報源 X と Y がたがいに関連がある場合，一方の情報源から他方
の情報源についてある情報量が間接的に得られるのである。これを定量的に表
したのが次式で定義される**相互情報量**（mutual information）$I(X;Y)$ である。

定義 5.3　（相互情報量）

$$I(X;Y) = H(X) - H(X|Y) \tag{5.23}$$

〔*2*〕 **相互情報量の性質**　　例題 5.4 で $I(X;Y)$ と，X を知ることによって
もたらされた Y に関する情報量 $I(X;Y)$ が同じ 0.3〔ビット/記号〕であった
が，これは一般的に成り立ち，次式が成り立つ。

$$I(X;Y) = I(Y;X) \tag{5.24}$$

例題 5.5　　例題 2.12 の通信路における相互情報量 $I(X;Y)$ または $I(Y;X)$
を求めよ。

【解答】　例題 2.12 より，$P(Y=0) = 0.66$, $P(Y=1) = 0.34$ であるので

$$H(Y) = -0.66 \log_2 0.66 - 0.34 \log_2 0.34 \simeq 0.925 \quad 〔ビット/記号〕$$

$$H(Y|X) = 0.7 \{-0.9 \log_2 0.9 - 0.1 \log_2 0.1\}$$

$$+ 0.3 \{-0.1 \log_2 0.1 - 0.9 \log_2 0.9\} \simeq 0.469 \quad 〔ビット/記号〕$$

$$I(Y;X) = H(Y) - H(Y|X) = 0.456 \quad 〔ビット/記号〕 \qquad \diamondsuit$$

いままで得られた各種エントロピーの間の関係を図で表してみよう。情報源 X と Y がたがいに独立である場合，式 (5.6), (5.19), (5.20) より

$$H(X|Y) = H(X), \qquad H(Y) = H(Y|X)$$

また，この場合，上の結果と式 (5.23), (5.24) より

$$I(X;Y) = I(Y;X) = 0$$

情報源 X と Y がたがいに独立である場合の各種エントロピーの間の関係を図 **5.1** に示す。また，情報源 X と Y が独立でない場合，すなわち $I(X;Y)$ が零でない場合の各種エントロピーの間の関係を図 **5.2** に示す。

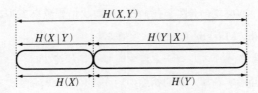

図 **5.1**　情報源 X と Y が独立なときの
各種エントロピーの間の関係

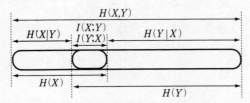

図 **5.2**　情報源 X と Y が独立でないときの
各種エントロピーの間の関係

5.4 マルコフ情報源のエントロピー

〔**1**〕 **マルコフ情報源**　　英文において，英語の文字を事象，その文字系列
を発生する行為を確率過程と考えることができる。このとき，文字 Q のつぎは
ほぼ必ず U がくるとか，T のつぎは H がくる確率が大きいなど各文字がまった
く独立に発生するとは限らない。英文を **2.5** 節で述べたマルコフ過程として考
えることができる。英文のような情報源を**マルコフ情報源**（Markov source）
という。

〔**2**〕 **エルゴード性**　　マルコフ情報源から生じる確率過程において，その時
間平均と集合平均が等しい場合を**エルゴード性**（ergodicity）を有するという。

　ここで，集合平均は式 (*2.26*) で定義された平均値のこと，時間平均は確率過
程の標本値（実現値）から計算される平均値である。したがって，エルゴード
性確率過程では，確率分布が未知で，式 (*2.26*) の平均値が計算できない場合，
十分な数の実現値があれば，その平均値を推定できるのである。

　本書では，このエルゴード性を有するマルコフ情報源を**エルゴード性マルコ
フ情報源**（ergodic Markov source）と呼ぶ。

〔**3**〕 **定常確率**　　エルゴード性マルコフ情報源では，一般に，初期状態
から十分時間が経過すれば，初期状態のいかんにかかわらず，それぞれの状態
に依存する確率が一定になる。この確率を**定常確率**（stationary probability）
という。この定常確率は **2** 章で出てきた生起確率と同じと考えてよい。

　つぎに，この定常確率を求める方法を述べよう。状態数を N，状態 S_j の定
常確率を $P(S_j)$ とすると，確率の定義式 (*2.21*) および (*2.22*) より

$$\sum_{j=1}^{N} P(S_j) = 1 \tag{5.25}$$

である。また，$P(S_j)$ は状態 S_j に遷移するすべての状態の場合を加えればよ
いから，状態 S_i から S_j への遷移確率を $P(S_j|S_i)$ とすると，次式が成り立つ。

$$P(S_j) = \sum_{i=1}^{N} P(S_j|S_i)P(S_i) \tag{5.26}$$

例題 5.6 図 **5.3** に示されるようなマルコフ情報源における状態 0 と状態 1 の定常確率を求めよ。

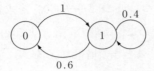

図 **5.3** 状態遷移図

【解答】 図より

$$P(0|0) = 0, \quad P(1|0) = 1, \quad P(0|1) = 0.6, \quad P(1|1) = 0.4 \tag{5.27}$$

式 (5.25) より

$$P(0) + P(1) = 1 \tag{5.28}$$

式 (5.26) より

$$P(0) = P(0|0)P(0) + P(0|1)P(1) = 0.6P(1) \tag{5.29}$$

$$P(1) = P(1|0)P(0) + P(1|1)P(1) = P(0) + 0.4P(1) \tag{5.30}$$

式 (5.28), (5.29) より

$$P(1) = 1/1.6 = 5/8, \quad P(0) = 0.6/1.6 = 3/8$$

この解は式 (5.30) を満足していることは容易に確かめられる。 ◇

〔4〕 マルコフ情報源のエントロピー マルコフ情報源のエントロピーはマルコフ情報源から発生する記号系列の平均情報量である。記号 x_i の定常状態における生起確率（定常確率）を $P(x_i)$ で表すとし，つぎのような生起確率をもつ単純マルコフ情報源 X を考える。

$$X = \begin{pmatrix} x_1, & x_2, & \cdots, & x_M \\ P(x_1), & P(x_2), & \cdots, & P(x_M) \end{pmatrix} \tag{5.31}$$

　この式と同じ記号と生起確率をもつ無記憶情報源をマルコフ情報源 X の**随伴情報源**[4]（adjoint source）と呼び，$\bar{X}$ で表す。

　この $\bar{X}$ のエントロピーは $H(\bar{X})$ は式 (3.6) で与えられ，その上限が式 (3.21) で与えられている。この $H(\bar{X})$ は，後でマルコフ情報源のエントロピーの上限を示すことに用いられる。

　まず，この単純マルコフ情報源のエントロピー $H_1(X)$ を求めてみよう。いま，着目している時刻を区別するために，時刻 t に着目しているときの情報源 X を X_t で，時刻 $t-1$ で着目しているときの情報源 X を X_{t-1} で表すとする。

　もちろん，X_t も X_{t-1} も式 (5.31) で表される情報源である。この情報源は単純マルコフ情報源であるので，時刻 t である記号が生起したとき，時刻 $t-1$ で生起した記号，すなわち情報源 X_{t-1} から生起した記号がすでにわかっている。したがって，X_{t-1} から X_t に関する相互情報量 $I(X_t; X_{t-1})$ がすでに得られているのである。

　すなわち，時刻 t で，ある記号が生起したとき，新たに得られる情報量 $H_1(X_t)$ は $H(X_t) - I(X_t|X_{t-1})$ である。式 (5.23) より，これは条件つきエントロピー $H(X_t|X_{t-1})$ に等しい。したがって，次式が成り立つ。

$$
\begin{aligned}
H_1(X_t) &= H(X_t|X_{t-1}) \\
&= -\sum_{i=1}^{M}\sum_{j=1}^{M} P(x_i)P(x_j|x_i) \log_2 P(x_j|x_i) \\
&= -\sum_{i=1}^{M}\sum_{j=1}^{M} P(x_i, x_j) \log_2 P(x_j|x_i) \quad \text{〔ビット／記号〕}
\end{aligned}
$$

X_t は X そのものであるから，次式が成り立つ。

$$
H_1(X) = -\sum_{i=1}^{M}\sum_{j=1}^{M} P(x_i, x_j) \log_2 P(x_j|x_i) \quad \text{〔ビット／記号〕} \quad (5.32)
$$

　また，定義より，$\bar{X}$ と X の確率分布はまったく同じである。しかし，$\bar{X}$ の各情報源記号の生起は独立であるが，X の各情報源記号の生起は独立ではない。すなわち，情報源 X のあいまいさは情報源 $\bar{X}$ のあいまいさよりも小さい。

したがって，$H_1(X)$ は $H(\bar{X})$ より小さいことは明らかであるので，以下の式が成り立つ。

$$H_1(X) \leqq H(\bar{X}) \leqq \log_2 M \qquad (5.33)$$

$H_1(X)$ の導出とまったく同様にして，2 重マルコフ情報源のエントロピー $H_2(X)$ は，次式のようになる。

$$H_2(X) = -\sum_{i_1=1}^{M} \sum_{i_2=1}^{M} \sum_{j=1}^{M} P(x_{i_1}, x_{i_2}, x_j) \log_2 P(x_j | x_{i_1}, x_{i_2})$$
$$\text{〔ビット／記号〕} \qquad (5.34)$$

N 重マルコフ情報源 X のエントロピー $H_N(X)$ は上からの類推で次式で与えられることが容易にわかる。

$$H_N(X) = -\sum_{i_1=1}^{M} \cdots \sum_{i_N=1}^{M} \sum_{j=1}^{M} P(x_{i_1}, \cdots, x_{i_N}, x_j) \log_2 P(x_j | x_{i_1}, \cdots, x_{i_N})$$
$$\text{〔ビット／記号〕} \qquad (5.35)$$

また，N 重マルコフ情報源 X のあいまいさは，その随伴情報源 $\bar{X}$ のあいまいさよりも小さいので，$H(\bar{X}), H_N(X)$ などの間に式 (5.33) と同じような関係があることは明らかである。

例題 5.7　図 **5.3** に示されるような単純マルコフ情報源 X のエントロピー $H_1(X)$ および X の随伴情報源 $\bar{X}$ のエントロピー $H(\bar{X})$ を求めよ。また，式 (5.33) が成り立つことを確認せよ。

【解答】　例題 5.6 より

$$P(0) = 3/8, \quad P(1) = 5/8 \qquad (5.36)$$

式 (5.32) において，$M = 2$ として，式 (5.36) と図 **5.3** により与えられる条件つき確率を代入すれば，$H_1(X)$ および $H(\bar{X})$ がそれぞれつぎのように求められる。

$$H_1(X) = -P(0, 0) \log_2 P(0|0) - P(0, 1) \log_2 P(0|1)$$

$$- P(1,0) \log_2 P(1|0) - P(1,1) \log_2 P(1|1)$$

$$= -0.6 \times (5/8) \log_2 0.6 - 0.4 \times (5/8) \log_2 0.4 \simeq 0.60$$

$$\text{〔ビット/記号〕} \qquad (5.37)$$

$$H(\bar{X}) = -(3/8) \log_2(3/8) - P(5/8) \log_2(5/8) \simeq 0.954 \quad \text{〔ビット/記号〕}$$

$$(5.38)$$

式 (5.37), (5.38) より

$$H_1(X) < H(\bar{X}) < \log_2 2 = 1$$

したがって，式 (5.33) が成り立っている。   ◇

例題 5.8   図 **2.8** に示されるようなマルコフ情報源における状態 00, 01, 10 および 11 のそれぞれの定常確率を求めよ。

【解答】   状態 00, 01, 10 および 11 の定常確率を $P(00)$, $P(01)$, $P(10)$ および $P(11)$ とすると，図 **2.8** より

$$P(00) = (5/6)P(00) + (1/6)P(10) \qquad (5.39)$$

$$P(01) = (1/6)P(00) + (5/6)P(10) \qquad (5.40)$$

$$P(10) = (5/6)P(01) + (1/6)P(11) \qquad (5.41)$$

$$P(11) = (1/6)P(01) + (5/6)P(11) \qquad (5.42)$$

となる，また

$$P(00) + P(01) + P(10) + P(11) = 1 \qquad (5.43)$$

である。式 (5.39)〜(5.43) を解くと，すべての定常確率がつぎのように得られる。

$$P(00) = P(01) = P(10) = P(11) = 1/4 \qquad (5.44)$$

例題 5.9   図 **2.8** に示されるような 2 重マルコフ情報源 X のエントロピー $H_2(X)$，および X の随伴情報源 $\bar{X}$ のエントロピー $H(\bar{X})$ を求めよ。

【解答】   式 (5.34) より

$$H_2(X) = -P(00)P(0|00)\log_2 P(0|00) - P(01)P(0|01)\log_2 P(0|01)$$
$$-P(10)P(0|10)\log_2 P(0|10) - P(11)P(0|11)\log_2 P(0|11)$$
$$-P(00)P(1|00)\log_2 P(1|00) - P(01)P(1|01)\log_2 P(1|01)$$
$$-P(10)P(1|10)\log_2 P(1|10) - P(11)P(1|11)\log_2 P(1|11)$$

であるので，式 (5.44) と図 **2.8** に示す確率を上の式に代入して計算すると

$$H_2(X) = 1 + \log_2 3 - 5/6 \log_2 5 \simeq 0.65 \quad 〔ビット/記号〕$$

となる。また，式 (5.44) より

$$P(0) = P(1) = 1/2$$

であるので，$H(\bar{X})$ がつぎのように求められる。

$$H(\bar{X}) = 1 \quad 〔ビット/記号〕 \hspace{4cm} \Diamond$$

3.4 節で無記憶情報源の拡大情報源について述べたが，マルコフ情報源についても拡大情報源を定義することができる。しかしながら，本書ではこれ以上述べないことにする。

┌─ コーヒーブレイク ─┐

0 の発見

0 が初めて用いられたのは，9 世紀のインドである。10 や 100 など 0 は位取りを表せるということ，また，計算が簡単にできるようになったということで非常に便利なものとなった。0 がなければいまの情報理論もなかった?

演 習 問 題

【1】 1等が1本，2等が2本，3等が6本のくじが入っている箱がある。この箱より無作為に2回くじを引くものとする。ただし，1回目に取り出したくじを箱には戻さないものとする。1回目および2回目のくじ引きという試行の結果をそれぞれ X と Y で表すとき，結合エントロピー $H(X, Y)$ はいくらか。

【2】 次式を証明せよ。

$$I(X; Y) = H(X) - H(X|Y)$$
$$= \sum_{i=1}^{M} \sum_{j=1}^{N} P(x_i, y_j) \log_2 \frac{P(x_i, y_j)}{P(x_i)P(y_j)}$$

【3】 式 (5.24) を証明せよ。

【4】 図 *2.10* のような2元対称通信路において，$P(X = 0) = P(X = 1) = 0.5$，$P(Y = 0|X = 1) = P(Y = 1|X = 0) = 0.2$ なるときの相互情報量 $I(X; Y)$ を求めよ。

【5】 図 *5.4* に示されるような単純マルコフ情報源のエントロピー $H_1(X)$ を求めよ。

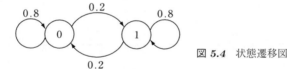

図 *5.4* 状態遷移図

【6】 プロ野球開幕前になると解説者による順位予想が盛んである。開幕前，セントラルリーグで阪神が優勝する確率は 1/3 であった。ある阪神の OB の解説者は，阪神が優勝するとよく予想するのであるが，それが実際に当たる確率は 2/5 しかない。優勝しないと予想した場合の的中率は 4/5 である。この解説者から阪神の成績について得られる相互情報量を求めよ。

6

通信路の符号化

本章の目的は，つぎの二つである。

目的 1. 通信路のモデルおよび通信路容量について学ぶこと。

目的 2. 通信路符号化により，信頼できる情報伝送を行うための伝送速度
の限界を学ぶこと。

6.1 通信路のモデル

〔**1**〕 **通 信 路** *1.2*節で述べたシャノンの通信システム（**図 1.5**）の
ように，情報伝達を媒介するものが通信路である。したがって，送信側から送
られる情報がどのくらい正確に受信側に伝わるかについては通信路に依存する。

〔**2**〕 **通信路における誤り** 通信路を通して情報を伝達する場合，送り側の
情報が確実に受け側に伝わるのが理想であるが，現実にはさまざまな外乱，ミス
や故障などにより送った情報と異なったものが受け取られる場合や，送った情報
が消失してしまうことがある。通信路に起因するこのような事象を通信路におけ
る**誤り**（error）といい，この誤りが起こる頻度を**誤り確率**（error probability）
で表す。

〔**3**〕 **通信路符号化** *3*章では，平均符号長をできるだけ短くするように，
情報源記号系列を符号語系列に変換する情報源符号化について述べた。しかし，
情報源符号器の出力をそのまま通信路に入力すると，雑音などの通信路における
誤りのため，通信路の出力が入力とは異なった符号語系列になる可能性があ
る。したがって，情報源符号器の出力を通信路符号化して，通信路に送り出す必
要がある。**図 4.1**の場合について調べてみよう。この場合，情報源記号系列が

$a_1a_3a_1a_1a_2a_3\cdots$

であったとすると，情報源符号器から出力される符号語系列は

011001011$\cdots$

となる。この符号語系列を通信路に送り出したとしよう。雑音により，この 4 番目の記号 0 が 1 に反転した場合，通信路出力系列は

011101011$\cdots$

となり，これを復号すると

$a_1a_3a_2a_2a_3\cdots$

となり，この記号系列は送信した情報源記号系列とは異なるので，情報が誤って伝送されたことになる。

　このような通信路における誤りの影響を受けないようにするため，**1.2** 節で述べた方法を用いる。つまり，通信路符号器で情報源符号器の出力の記号を 3 回ずつ繰り返して通信路に送り出す。ここで，通信路符号器の入力側および出力側の記号系列をそれぞれ，情報系列および符号語系列と呼ぶことにする。このとき，情報系列は通信路符号器により

000111111000000111000111111$\cdots$

となる符号語系列に変換される。これを通信路の入力としたとき，その出力が雑音により

000011111000100111001111101$\cdots$

となったとして，これを復号してみよう。この符号語系列の記号を三つずつまとめて一つのブロックとすると

000/011/111/000/100/111/001/111/101/$\cdots$

となる。各ブロック内で多いほうの記号に復号すると

011001011$\cdots$

となるので，$a_1a_3a_1a_1a_2a_3\cdots$ となり，正しい情報源記号系列を復元することができる。ここで説明した通信路符号化の一連の流れを**図 6.1** に示す。

　情報源符号化の目的が効率の向上であったことに対して，通信路符号化の目的は信頼性の向上であるといえる。

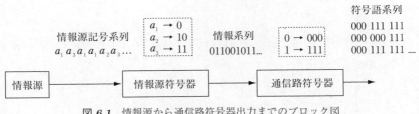

図 6.1　情報源から通信路符号器出力までのブロック図

〔4〕　**離散的無記憶通信路**　　送受信記号の種類が有限個の離散的な値であ
り，通信路における誤り確率が各時点における送信記号と無関係（独立）とな
る通信路を**離散的無記憶通信路**（discrete memoryless channel：DMC）とい
う。本書で取り扱う通信路のモデルは DMC である。

〔5〕　**通信路のモデル**　　通信路符号化により符号化の効果を調べるために
は，まず，送信記号がどのように受信記号として伝わっていくかという伝送過
程をモデル化する必要がある。誤りの原因をすべてモデルに反映させることは
難しいので，情報理論で取り扱う通信路のモデルは，誤りとなる要素を確率を
用いることで一つにまとめた統計的なモデルを利用する。

〔6〕　**通信路行列**　　通信路に入力される記号を**送信記号**と呼び，通信路から
出力される記号を**受信記号**と呼ぶことにする。ここで，通信路を図 **6.2** のように，
送信記号 $x_i \in \{x_1, x_2, \cdots, x_s\}$ を入力すると，受信記号 $y_j \in \{y_1, y_2, \cdots, y_r\}$
が出力されるというモデルで表してみよう。

図 6.2　通　信　路

　ただし，送信記号および受信記号の集合の要素数をそれぞれ s および r とし
ている。このとき，送信記号および受信記号の確率変数をそれぞれ X および Y
で表し，送信記号 x_i に対して受信記号が y_j となる条件つき確率をつぎのよう
に表す。

$$p_{ij} = P(Y = y_j | X = x_i)$$

この p_{ij} をすべての送信記号と受信記号について考えると $s \times r$ 通りあるから，これをつぎのような行列 T で表す。

$$
T = \begin{bmatrix}
p_{11} & p_{12} & \cdots & p_{1r} \\
p_{21} & p_{22} & \cdots & p_{2r} \\
\vdots & \vdots & \vdots & \vdots \\
p_{s1} & p_{s2} & \cdots & p_{sr}
\end{bmatrix}
\tag{6.1}
$$

この T を**通信路行列**（channel matrix）という。通信路行列の要素は伝送路の性質，伝送方式や誤り源などに依存する値となる。本章で示す通信路のモデルは，通信路行列のみで表すことができるものを取り扱う。以下，送信記号を 0 と 1 の 2 元記号とした 2 元通信路のモデルの例を示す。

〔**7**〕　**2 元対称通信路（BSC）**　　2 章の例題 2.12 で述べた 2 元対称通信路は，図 **2.10** で示したように送信記号および受信記号ともに 0 と 1 の 2 元記号であり，$0 \to 1$ となる確率 p_{01} が，$1 \to 0$ となる確率 p_{10} と等しく，$p_{01} = p_{10} = p$ で表される通信路である。この p を記号誤り確率，もしくは反転確率と呼ぶ。

　例として，送信記号を 2 値パルス波形として送信する場合を考えよう。受信波形は送信信号に雑音が加わった形で表されるとする。BSC は受信記号を 0 と 1 の中間の値の 0.5 にしきい値を決めて，受信信号の振幅がこの値よりも大きければ 1 の記号と判定して，小さければ 0 の記号と判定する通信路モデルである。この例を図 **6.3** に示す。このとき，通信路行列はつぎのように表すことができる。

$$
T = \begin{pmatrix}
1 - p & p \\
p & 1 - p
\end{pmatrix}
\tag{6.2}
$$

したがって，通信路のモデルとしては図 **6.4** のように表すことができる。

〔**8**〕　**2 元消失通信路（BEC）**　　2 元消失通信路（binary erasure channel：BEC）は受信側において 0 と 1 の中間に消失を表す記号 E を加えた通信路である。このモデルでは，$0 \to 1$ または $1 \to 0$ となる場合は考慮していない。

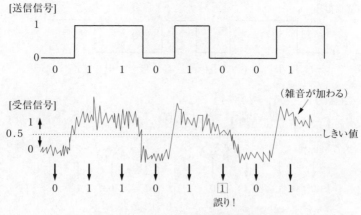

図 **6.3** BSC における受信記号判定の例

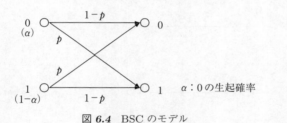

図 **6.4** BSC のモデル

BSC と同じように，送信記号を 2 値パルス波とした場合，この通信路モデルにおける記号の判定例を図 **6.5** に示す。この BEC のモデルでは，2 値パルス波の振幅の真ん中付近にある範囲を決めておき，受信側において受信信号の振幅が，この範囲より大きければ 1 の記号，小さければ 0 の記号と判定する。そして，この 0 か 1 かを判定しにくい範囲にあるときに消失と判定して，これを受信記号 E に割り当てる。ここで，$0 \to E$，または $1 \to E$ となる消失確率を q とする。すなわち，$P(E|0) = P(E|1) = q$ である。このとき，通信路行列はつぎのように表すことができる。

$$T = \begin{pmatrix} 1-q & q & 0 \\ 0 & q & 1-q \end{pmatrix} \tag{6.3}$$

したがって，この通信路のモデルは図 **6.6** のように表すことができる。

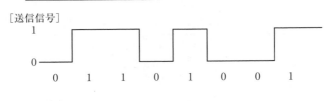

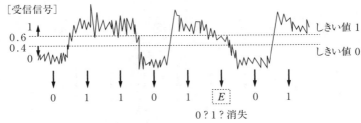

図 6.5 BEC における受信記号判定の例

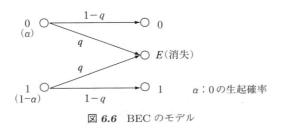

図 6.6 BEC のモデル

この通信路のモデルのように，0 と 1 のどちらにも判定しにくい場合は無理に
判定せずに消失として扱い，その消失した記号を受信側で推定する復号処理を
行うことで，2 値で判定するよりも復号誤り率の向上を実現できる場合がある。

6.2 通 信 路 容 量

〔**1**〕　**受信側と受信側の相互情報量**　　図 **6.2** に示すように通信路の送信側
を X，受信側を Y として，**5** 章で述べた相互情報量 $I(X;Y)$ を考えてみよう。
これは式 (5.23) で与えた $I(X;Y) = H(X) - H(X|Y)$ で得ることができる。
　誤りがまったく生じない通信路であれば，送信側の情報がすべて受信側に伝
わるので，受信記号を受け取った後は送信記号に関するあいまいさはないから，

$H(X|Y) = 0$ となる。すなわち, 相互情報量は送信側の情報量 (エントロピー) に等しくなり, これは送信側の情報がすべて受信側に伝達されたことを意味する。

一方, 誤りが生じる場合は, 送信記号が受信側で間違って受け取られたり, 消失するものが存在するので, 受信記号を受け取っても送信記号に関して不確定さが生じる。したがって, $H(X|Y)$ が 0 にならないので, 相互情報量は送信側のエントロピーよりも小さくなり, これは送信側の情報がすべて受信側に伝わるわけではないことを示す。つまり, 通信路を通した情報伝達を考える場合には, 送信側と受信側の相互情報量が情報伝送量の一つの尺度となる。

〔**2**〕 **通信路容量** ここでは, 通信路行列の値が与えられているとして, この通信路を最大限に利用することを考えてみよう。相互情報量 $I(X;Y)$ は, この通信路を用いた場合の 1 送信記号当りの受信側に伝わる平均情報量であるから, この $I(X;Y)$ を最大化することで通信路を最大限に利用できる。

式 (5.17) より, $H(X|Y)$ は $P(y_i)$ と $P(x_i|y_j)$ から得られるが, 通信路行列の値 $P(y_j|x_i)$ が与えられれば, 例題 2.12 で示したようにこれらの確率は送信記号の生起確率 $P(x_i)$ を用いてベイズの定理により求まる。いま, 送信記号 $x_1, x_2, \cdots, x_s$ に対する生起確率をそれぞれ $\alpha_1, \alpha_2, \cdots, \alpha_s$ として送信側の確率分布 $\boldsymbol{\alpha} = \{\alpha_1, \alpha_2, \cdots, \alpha_s\}$ と表そう。

このとき, $I(X;Y)$ は $\boldsymbol{\alpha}$ のみの関数となる。この $\boldsymbol{\alpha}$ を変化させて得られる $I(X;Y)$ の最大値を**通信路容量** (channel capacity) と定義する。

定義 6.1 (通信路容量)

$$C = \max_{\boldsymbol{\alpha}} I(X;Y) \quad 〔ビット/記号〕 \tag{6.4}$$

〔**3**〕 **誤りのない 2 元通信路** 通信路で誤りが発生しなければ, 受信記号を受け取った後の送信記号に対するあいまいさはないから, $H(X|Y) = 0$ である。送信側で 0 の生起確率を α とすると, 1 の生起確率は $1 - \alpha$ となる。したがって, $\alpha = 0.5$ のときに $H(X)$ が最大となるから

$$C = \max_{\alpha} I(X;Y) = \max_{\alpha} H(X) = 1 \quad 〔ビット/記号〕 \qquad (6.5)$$

が得られる。

〔**4**〕　**2 元対称通信路の通信路容量**　　通信路上で誤りが生じる場合は，受信側で受信記号 0 を受け取っても，それが送信側で 0 を送って正しく受信されたのか，1 を送って誤って受信されたのかが確定しないので，$H(X|Y)$ は 0 ではない。送信記号の生起確率を上記と同様に $\alpha, 1 - \alpha$ とする。また，相互情報量は $I(X;Y) = H(Y) - H(Y|X)$ と表すこともできるから，この関係を用いて図 **6.4** の 2 元対称通信路（BSC）の通信路容量を求める。

BSC の場合，X および Y がとる値は 0 と 1 だけである。まず，受信側エントロピー $H(Y)$ を求めるために $P(Y = 0)$ および $P(Y = 1)$ を計算すると

$$P(Y = 0) = \alpha(1 - p) + (1 - \alpha)p, \quad P(Y = 1) = \alpha p + (1 - \alpha)(1 - p)$$

となるから，$H(Y)$ は

$$H(Y) = -(\alpha + p - 2\alpha p) \log_2(\alpha + p - 2\alpha p)$$
$$-(1 - p - \alpha + 2\alpha p) \log_2(1 - p - \alpha + 2\alpha p) \qquad (6.6)$$

となる。$H(Y|X)$ は $x_1 = 0,\ x_2 = 1,\ y_1 = 0,\ y_2 = 1$ とすれば，式 (5.18) を用いて計算できる。$P(y_j|x_i)$ は式 (6.2) の通信路行列より求められるから，$H(Y|X)$ は $s = r = 2$ として，$P(x_1) = \alpha, P(x_2) = 1 - \alpha$ よりつぎのように与えられる。

$$H(Y|X) = -\sum_{i=1}^{s} P(x_i) \sum_{j=1}^{r} P(y_j|x_i) \log_2 P(y_j|x_i)$$
$$= \alpha \{-(1 - p) \log_2(1 - p) - p \log_2 p\}$$
$$+ (1 - \alpha) \{-p \log_2 p - (1 - p) \log_2(1 - p)\} = H(p) \quad (6.7)$$

ここで，$H(p)$ は式 (3.10) で与えられるエントロピー関数である。すなわち，$H(Y|X)$ は α には無関係の p のみの関数であり，$I(X;Y) = H(Y) - H(p)$ となるから，α で $H(Y)$ を最大にすれば $I(X;Y)$ が最大となる。$H(Y)$ が最大値となる α の値を計算するためには

$$\frac{\partial H(Y)}{\partial \alpha} = 0$$

を満たす α を求めればよい。この式より

$$\log_2 \frac{1 - \alpha - p + 2\alpha p}{\alpha + p - 2\alpha p} = 0 \qquad (6.8)$$

が得られる。これを満たすのは $\alpha = 1/2$ であるので，式 (6.6) に代入すると $H(Y) = 1$ が得られる。したがって，BSC の通信路容量 C は次式で与えられる。

$$C = \max_{\alpha} I(X;Y) = 1 - H(p) \quad 〔ビット/記号〕 \qquad (6.9)$$

例題 6.1　反転確率 $p = 0.5$ の BSC では，情報がまったく受信側に伝わらないことを示してみよ。

【解答】　これは，通信路容量を計算すれば明らかである。式 (6.9) を用いて計算すれば，$H(p) = 1$ であるから $C = 0$ 〔ビット/記号〕である。

　$p = 0.5$ なので，送信した記号の半分は正しく伝送されているのであるが，誤りが生じた記号も半分であるから，送信記号に関するあいまいさは受信記号を受け取る前後で変わらない。したがって，この通信路を通して受信される記号系列には送信側の情報は含まれていないと考えてよい。　　　　　　　　　　　◇

〔**5**〕　**2元消失通信路の通信路容量**　　図 **6.6** に示す 2 元消失通信路 (BEC) では，送信側 X がとる記号は 0, 1 であるが，受信側 Y がとる記号は 0, 1 のほかに消失を表す記号 E を加えており，受信記号の数は送信記号の数よりも一つ多い。受信側で 0 もしくは 1 を受け取った場合は，送信側に関するあいまいさは生じないが，E を受け取った場合においては，送信記号が 0 と 1 のどちらであったのかを確定できないあいまいさが生じる。

　ここでは，$I(X;Y) = H(X) - H(X|Y)$ を用いて通信路容量を計算しよう。まず，式 (3.10) において p を α に置き換えれば，$H(X) = H(\alpha)$ で表すことができる。つぎに，$H(X|Y)$ を計算する。$x_1 = 0, x_2 = 1, y_1 = 0, y_2 = E,$ $y_3 = 1$ として，事後確率 $P(x_i|y_j)$ をベイズの定理を用いて計算すると，それぞれつぎのようになる。

$$P(0|0) = 1, \quad P(0|1) = 0, \quad P(0|E) = \frac{\alpha q}{\alpha q + (1 - \alpha)q} = \alpha$$

$$P(1|0) = 0, \quad P(1|1) = 1, \quad P(1|E) = \frac{(1 - \alpha)q}{\alpha q + (1 - \alpha)q} = 1 - \alpha$$

したがって，$H(X|Y)$ は式 (5.17) において $s = 2$, $r = 3$ として，$P(y_2) = \alpha q + (1 - \alpha)q = q$ より，つぎのように求まる。

$$H(X|Y) = -\sum_{j=1}^{r} P(y_j) \sum_{i=1}^{s} P(x_i|y_j) \log_2 P(x_i|y_j)$$
$$= q\{-\alpha \log_2 \alpha - (1 - \alpha) \log_2 (1 - \alpha)\} = qH(\alpha) \qquad (6.10)$$

したがって，相互情報量は $I(X;Y) = (1 - q)H(\alpha)$ で与えられ，$H(\alpha)$ の最大値は $\alpha = 0.5$ のときであるから BEC の通信路容量 C は次式で与えられる。

$$C = \max_{\boldsymbol{\alpha}} I(X;Y) = 1 - q \quad \text{〔ビット/記号〕} \tag{6.11}$$

BSC における反転確率 p，および BEC における消失確率 q に対する通信路容量 C を図 **6.7** に図示する。BSC においては，反転確率が 1 の場合は $0 \to 1$ および $1 \to 0$ と記号が反転するだけで，反転確率が既知であればもとの情報はまったく失われないので，反転確率が 0 の場合と同じである（NOT 回路を通した場合と等価である）。一方，BEC の場合は消失した分だけ受信側に届く情報量が減少することが確認できる。

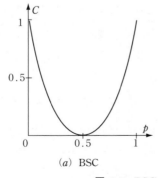
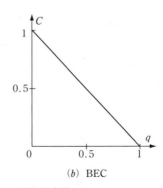

(a) BSC   (b) BEC

図 **6.7** BSC と BEC の通信路容量

6.3 平 均 誤 り 率

〔*1*〕 **通信路符号の考え方**   *1.2*節で通信路符号の例について少し述べた。
ここでは，通信路符号化の考え方について例題を用いて説明しよう。

例題 6.2   四つの送信記号 x_1, x_2, x_3, x_4 を誤りの生じる通信路を通して
伝送する場合を考える。通信路は図 **6.8** に示すように確率 p で隣の記号と
誤って受信されるモデルで表される。この通信路の通信路容量を計算せよ。

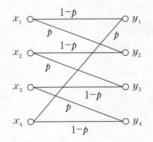

図 *6.8* 誤りの生じる
通信路

【解答】 この通信路行列はつぎのようになる。

$$T = \begin{pmatrix} 1-p & p & 0 & 0 \\ 0 & 1-p & p & 0 \\ 0 & 0 & 1-p & p \\ p & 0 & 0 & 1-p \end{pmatrix}$$

相互情報量は $I(X;Y) = H(Y) - H(Y|X)$ で求める。$P(y_j|x_i)$ は上の通信路
行列より与えられており，$H(Y|X)$ は式 (5.18) において $s = r = 4$ とすれば

$$H(Y|X) = -\sum_{i=1}^{s} P(x_i) \sum_{j=1}^{r} P(y_j|x_i) \log_2 P(y_j|x_i)$$

$$= \sum_{i=1}^{s} P(x_i) \{-(1-p) \log_2(1-p) - p \log_2 p\} = H(p)$$

が得られ，$H(Y|X)$ は送信記号の生起確率には無関係となることがわかる。また，
送信記号の生起確率がすべて等確率とすれば $P(x_i) = 1/4$ であるから，すべての

受信記号 y_j の生起確率は

$$P(y_j) = \frac{1}{4}(1-p) + \frac{1}{4}p = \frac{1}{4}$$

となり，受信記号の生起確率 $P(y_j)$ も等確率となるので $H(Y) = 2$ が得られる。これは式 (3.21) よりエントロピーの最大値である。したがって，この通信路の通信路容量は

$$C = 2 - H(p)$$

で与えられる。　　　　　　　　　　　　　　　　　　　　　　　　　　　　◇

　ここで，$p = 0.5$ として隣の記号とまったく判別がつかなくなる場合を考えてみよう。この場合 $H(p) = 1$ であるから，通信路容量は $C = 1$〔ビット/記号〕となる。すなわち，このような通信路でも 1 回の伝送で 1 ビットの情報は伝送できるのである。

例 6.1　図 6.8 の通信路において，1 ビットの情報を伝送する方法は，例

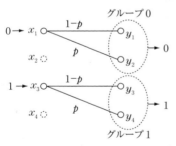

図 6.9　通信路符号の一例 (1)

えば，図 6.9 のように送信できるすべての記号を用いるのではなく，x_1, x_3 だけを用いて x_2, x_4 は用いないようにする。

　そして，0 に x_1 を，1 に x_3 を割り当てて 0, 1 を送信する。受信信号 y_1, y_2 を一つにまとめてグループ 0 として，y_3, y_4 をグループ 1 とする。このようにすれば，受信側でグループ 0 の記号が受信されたら 0

として，グループ 1 の記号が受信されたら 1 と判定すれば，1 ビットの情報が誤りなく伝送できる。

　すなわち，送信記号として送信できる記号の中で，すべてを用いずに一部だけを誤りの影響が小さくなるように選ぶ。例えば，図 6.9 では送信する記号として x_2, x_4 の組合せを用いてもよいが，x_1, x_2 の組合せを選んではならない。受信側では，受信される可能性がある記号をすべて考えてグループ化する。

このとき，同じ送信記号からくる可能性が高いものを一つにまとめる。例えば，例 6.1 では y_1, y_2 は x_1（つまり 0）からくるのでグループ 0 として，y_3, y_4 は x_3（つまり 1）からくるのでグループ 1 とするのである。そして，一つのグループと送信する記号を 1 対 1 に対応させる。

例 6.2   例題 6.2 の四つの送信記号を 2 元符号を用いることで，**図 6.8** のような通信路を通しても誤りなく受信側に伝送できる方法を考えてみよう。

例 6.2 に示したように x_1, x_3 の二つの送信記号のみを用いて**図 6.9** のような通信路とすることで 1 ビットの情報は誤りなく伝送できることは述べた。したがって，$x_1 = 00$, $x_2 = 01$, $x_3 = 10$, $x_4 = 11$ のように，四つの送信記号をそれぞれ長さ 2 の 2 元符号の符号語として 1 ビットずつ送信すれば，送信側の四つの送信記号を誤りなく伝送することができる。

この例 6.2 の方法では一つの記号を送るのに二つの記号を送らなければならないので，送信時間は 2 倍かかる（つまり，伝送速度は半分になる）。このように，通信路符号化は効率の観点に立つと効率が悪くなるが，信頼性の観点に立つと，誤りを少なくできるので信頼性向上が実現できる。

もう一つ，通信路符号化を理解するための例題をあげる。

例題 6.3   *1.2* 節で示した通信路符号化を考えよう。これは，$\{0, 1\}$ の 2 元記号を伝送するときに同じ記号を 3 回繰り返して，それを符号語とする方法であった。

符号語に 1 ビットの誤りが生じても，もとの情報が正しく復号されるように，受信側で受け取られる可能性がある符号語をすべて考えて，それをグループ化して送信する符号語と対応させてみよ。

【解答】   一つの符号語に 1 ビットの誤りが生じうる通信路を考えると，**図 6.10** の左側のようになる。送信できる長さ 3 の 2 元系列は 8 個あるが，符号語として用いるのは $\{000, 111\}$ の 2 個だけである。そして，右側の図に示すように，符号

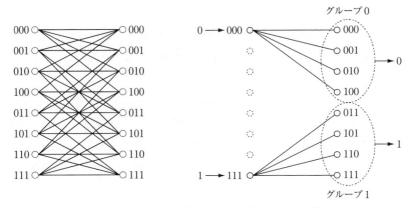

図 **6.10**   通信路符号の一例 (2)（図 **6.1** の符号）

語に対応する二つのグループを作り，グループには符号語として 1 ビットだけ異なる 2 元記号をまとめるのである。このようにすれば，1 符号内に 1 ビットの誤りが生じても誤りなく情報を伝送することができる。   ◇

　ただし，この例題の方法では 1 ビットの情報を送るのに三つの記号を送る必要があるので送信時間は 3 倍になり，伝送速度は 1/3 に低下するのである。

　〔**2**〕　**平均誤り率**　　通信路符号化の良否を評価するためには，その符号を用いることで受信側において復号結果を誤る確率をどれだけ低下させることができるかを調べる必要がある。ここでは，受信側で平均として復号結果が誤りとなる確率を定める。

　送信する符号語を $x_1, x_2, \cdots, x_s$ として，受信側で x_i が送られたと判断するグループを $g(x_i)$ とする。すなわち，受信語 y_j が $g(x_i)$ に含まれていれば誤りが生じても復号結果は正しいことになるので，送信側で x_i を送信して受信側で正しく復号される確率は $P(y_j, y_j \in g(x_i)|x_i)$ で表すことができる。したがって，x_i を送信したとき受信側で誤る確率は

$$P(y_j, y \notin g(x_i)|x_i) = 1 - P(y_j, y_j \in g(x_i)|x_i) \tag{6.12}$$

となる。ただし，$y_j \in g(x_i)$ は y_j が $g(x_i)$ に含まれることを表し，$y_j \notin g(x_i)$ は y_j が $g(x_i)$ に含まれないことを表す。式 (6.12) で与えられる確率を受信記

号 y_j について和をとり，すべての送信記号 x_i について期待値をとれば平均として復号結果を誤る確率が計算できる。この確率を**平均誤り率**，または**復号誤り率**という。これを P_E で表すと，つぎの式で与えられる。

$$P_E = \sum_{i=1}^{s} P(x_i) \sum_{j=1}^{r} P(y_j, y_j \notin g(x_i)|x_i) = 1 - \sum_{i=1}^{s} P(x_i)P(g(x_i)|x_i)$$

$$(6.13)$$

ここで，$P(g(x_i)|x_i)$ は x_i を送信し，受信側で正しいグループに入る確率であり

$$P(g(x_i)|x_i) = \sum_{j=1}^{r} P(y_j, y_j \in g(x_i)|x_i) = \sum_{j=1}^{r} P(y_j|x_i)P(y_j \in g(x_i)|x_i, y_j)$$

で与えられる。$P(y_j|x_i)$ は通信路行列の値であり，$P(y_j \in g(x_i)|x_i, y_j)$ は x_i, y_j を与えれば，$y_j \in g(x_i)$ となるかどうかは確定するから，0 または 1 の値をとる。

例題 6.4　0 と 1 の二つの送信記号を例題 6.3（図 6.10）の符号を用いて反転確率 p の BSC を通して伝送した場合の平均誤り率を求めよ。

【解答】　0 および 1 のグループをそれぞれつぎのように $g(0)$, $g(1)$ と表す。

$$g(0) = \{000, 001, 010, 100\}, \quad g(1) = \{111, 011, 101, 110\}$$

この表現を用いた平均誤り率の計算例を図 6.11 に示す。

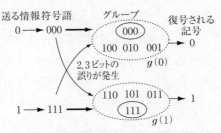

図 6.11　平均誤り率の計算例

それぞれ 0, 1 を送信したもとでの復号結果が正しい確率は，送信記号と同じグループに入る確率であるから

$$P(g(0)|0) = P(000|0) + P(001|0) + P(010|0) + P(100|0)$$

$$= (1-p)^3 + 3p(1-p)^2$$

$$P(g(1)|1) = P(111|1) + P(011|1) + P(101|1) + P(110|1)$$

$$= (1-p)^3 + 3p(1-p)^2$$

となる。0 および 1 の生起確率をそれぞれ α, $1 - \alpha$ として式 (6.13) に代入して

$$P_E = 1 - \{\alpha P(g(0)|0) + (1-\alpha)P(g(1)|1)\} = 3p^2 - 2p^3$$

を得る。この式より，通信路が BSC であれば平均誤り率 P_E は送信する記号の生起確率に依存しないことがわかる。P_E は記号が 2 個以上誤る確率でもある。 ◇

ここで，$p = 0.1$ とすると $P_E = 0.028$ となり，**1.2**節の結果と一致する。

6.4 通信路符号化定理

通常の通信路は雑音などの誤り源が存在するのであるが，通信路符号化により誤りの影響を少なくすることができる。しかし，通信路符号化をすることにより情報の伝送速度が低下することは前の例題などで確かめることができた。

では，誤りの影響を少なくするようにしつつ，情報の伝送速度をどの程度まで上げることができるのであろうか。ここでは，この疑問に答える定理を示し，この定理が成り立つことを示す。

〔**1**〕 **通信路符号化定理** 通信路符号器から出力される符号語の数を M 個とすると，この中から任意に一つの符号語を選んで通信路に送り出すことにより，$I = \log_2 M$ 〔ビット〕の情報量を通信路に送り出すことができる。

符号語の長さを n とすると，符号語の 1 符号アルファベット当り，すなわち通信路でいえば一つの送信記号を用いて通信路に送り出すことができる情報量を**情報速度**といい，つぎのように定義される。

定義 6.2 （情報速度）

$$R = \frac{\log_2 M}{n} \quad \text{〔ビット/記号〕} \tag{6.14}$$

例えば，例題 *6.3* の場合，$M = 2, n = 3$ であるから $R = 1/3$ 〔ビット/記号〕となる。送信記号 0 または 1 をそのまま通信路に送る（符号化しない）場合，$R = 1$ 〔ビット/記号〕となるので，3 回繰返しの符号化を行えば，符号化なしの場合よりも情報速度が 1/3 に低下するものの，復号誤り率は 0 に近づく。

例 *6.3* 例題 *6.2* で示した通信路を通して情報を伝送する場合について，情報速度と通信路容量との関連を調べてみよう。

まず，**図 *6.8*** の通信路でそのまま送る場合は，誤りなしに伝送できない例である。この場合，送信記号が四つあるから，$M = 4, n = 1$ より $R = 2$ 〔ビット/記号〕となる。しかし，通信路容量は $C = 2 - H(p)$ 〔ビット/記号〕であり，$0 < p < 0.5$ とすれば $H(p) > 0$ となるから $R > C$ となる。

つぎに，誤りなしの例として，例 *6.1* で述べたような通信路符号化を用いた場合を考えよう。この場合は，**図 *6.9*** に示すように送信記号が二つであるから，$M = 2, n = 1$ より $R = 1$ 〔ビット/記号〕となり，$0 < H(p) < 1$ なので $R < C$ が成り立つ。

この例より，受信側における誤りを少なくするための条件は，情報速度 R が通信路容量 C よりも小さいことであると考えられる。このことは**通信路符号化定理**（channel coding theorem）と呼ばれる定理で与えられている。

定理 *6.1* （通信路符号化定理）

通信路容量 C 〔ビット/記号〕の誤りが生じる離散的通信路を通して，ある情報源から発生する記号を符号化して伝送する。通信路符号化を行う符号器は情報速度 R 〔ビット/記号〕で符号語を通信路へ送り出す。この場合

$$R < C \tag{6.15}$$

であれば，復号誤り率 P_E をいくらでも 0 に近づける符号が存在する。

つまり，誤りが発生しうる通信路においても送信側の情報速度 R が通信路容

量 C よりも小さい値であれば，送信記号に対して適切な通信路符号化を行うことにより，受信側で誤る確率をいくらでも小さくできることを示している。

〔**2**〕　**定理の証明**　　この定理を厳密に証明することは非常に難しいので，ここでは厳密ではないが，簡単な方法を用いてこの定理が成り立つことを示す。

　証明　ここでは図 **6.12** に示すように，通信路符号器の入力となる M 個の記号に対して，2 元符号の符号語を出力する特殊な情報源 S_0 を考える。この S_0 は符号語 X と受信語 Y の相互情報量 $I(X;Y)$ が最大になるように X を発生するものとする。このときの S_0 のエントロピーを $H(X)$ とし，受信語を受け取った後の X に関するあいまいさを $H(X|Y)$ で表すと，$I(X;Y)$ が最大となるように X の確率分布が定められているので

$$C = H(X) - H(X|Y) \tag{6.16}$$

が成り立つ。S_0 から出力される符号語の長さを n とすれば，通信路符号器の入力となる記号の数 M は式 (6.14) より

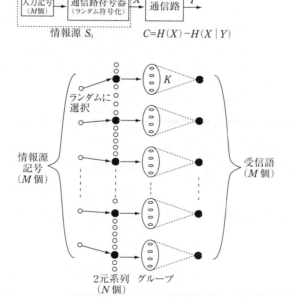

図 **6.12**　通信路の入力と出力

$$M = 2^{nR} \tag{6.17}$$

と表すことができる。また，S_0 から発生することができる長さ n の 2 元系列の数を N とする。

　通信路符号化により，M 個の符号語を作るのであるが，このとき，符号語を作る規則は N 個の 2 元系列から任意に M 個選んで符号語として割り当てるという符号化を行う。このような符号化を**ランダム符号化**（random coding）という。

　このようにした場合，符号語の長さ n を長くすれば，符号語の候補となる 2 元系列の数 N も多くなる。ランダム符号化により符号語を送り出しているから，N を大きくすれば，ある一つの 2 元系列が S_0 から送り出される確率は，**2 章の最後で述べた大数の法則**により $1/N$ に近づく。したがって，一つの符号語を受け取ったときに得られる情報量は $\log_2 N$ で表される。

　また，S_0 のエントロピーは $H(X)$ であり，これは 1 情報源記号当りの平均情報量を示す。したがって，長さ n の 2 元系列（すなわち符号語）であれば，情報量は n 倍の $nH(X)$ となる。つまり，$nH(X) = \log_2 N$ となるから

$$N = 2^{nH(X)} \tag{6.18}$$

が成り立つ。

　つぎに受信側である一つの受信語 Y が受け取られた場合を考えてみよう。受信語には通信路上で誤りが加わった可能性があるから，一つの受信語に対して符号語として送られた 2 元系列の候補は，**図 6.13** に示すように複数存在するが，どれが送られたかは確定できない。

　この受信語が受信される可能性のある 2 元系列の数を K としよう。前と同様に符号長 n を大きくすれば K も大きくなるので，大数の

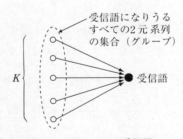

図 **6.13**　ある一つの受信語になりうる 2 元系列の集合

法則により，受信語を受け取ったもとで送信側においてある一つの符号語が送られたとする確率（事後確率 $P(x_i|y_j)$）は $1/K$ に近づく。したがって，K 個のうちの一つを特定するための情報量は $\log_2 K$ となる。

　また，受信語を受け取った後の送信された符号語に関する（1 記号当りの）あいまいさは $H(X|Y)$ で表される。符号語の長さは n であるから，一つの符号語を受け取った場合のあいまいさは $nH(X|Y)$ となる。したがって，$nH(X|Y) = \log_2 K$ となるから

$$K = 2^{nH(X|Y)} \tag{6.19}$$

が成り立つ。

受信側では N 個の 2 元系列をすべて考えて M 個のグループを作る。一つのグループに含まれる 2 元系列の数は K とする。つまり，グループの要素は図 **6.13** に示すように，ある一つの符号語に対する受信語になりうる 2 元系列をまとめておくのである。そして，図 **6.12** に示すように一つのグループが一つの符号語に対応すれば受信側での誤りを小さくできる通信路符号化が実現できる。

しかし，符号器ではランダムに符号語を選択するので，図 **6.14** に示すように必ずしも一つの符号語と一つのグループが対応するとは限らない。一つのグループが二つ以上の符号語に対応すると誤りが生じることになる。つまり，一つのグループがただ一つの符号に割り当てられるようにすればよい。

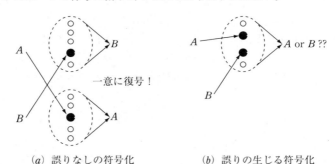

(*a*) 誤りなしの符号化   (*b*) 誤りの生じる符号化

図 **6.14** 誤りなしの符号化と誤りのある符号化

N 個の 2 元系列のうち，M 個の符号語の一つとして割り当てられる確率は

$$\frac{M}{N} = \frac{2^{nR}}{2^{nH(X)}} = 2^{n(R-H(X))} \tag{6.20}$$

となるので，割り当てられない確率は $1 - 2^{n(R-H(X))}$ である。

一つのグループの中の K 個の 2 元系列のうち，一つだけ割り当てられて，残りの $K-1$ 個は割り当てられなければよいから，この確率を P_C とすると

$$P_C = \left(1 - 2^{n(R-H(X))}\right)^{K-1} = \left(1 - 2^{n(R-H(X))}\right)^{2^{nH(X|Y)}-1} \tag{6.21}$$

となる。上式で n が十分に大きいとすれば，P_C は以下のように近似できる。

$$P_C \simeq 1 - \left(2^{nH(X|Y)} - 1\right) 2^{n(R-H(X))}$$
$$\simeq 1 - 2^{nH(X|Y)} 2^{n(R-H(X))}$$
$$= 1 - 2^{-n(C-R)} \tag{6.22}$$

ここで，最後の式は式 *(6.16)* を用いた。P_C は誤りが生じない確率であるから，誤りが生じる確率 P_E は $1 - P_C$ で計算できる。したがって

$$P_E = 2^{-n(C-R)} \tag{6.23}$$

となる。したがって，$C - R$ を正の数にとれば（$C > R$ とすれば），n を十分に大きくすることにより誤り率 P_E は 0 に近づく。   ♠

　この定理では，誤りなしの伝送を行うための条件が，符号語を通信路に送り出す情報速度の限界値が通信路容量であることを表している。すなわち，情報速度が通信路容量を超えなければ，受信側での復号誤り率の下限値が 0 となることを示している。

　通信路符号化定理は復号誤り率を任意に小さくできる通信路符号の存在を保証しているが，その符号の構成法までは与えていない。このことは情報源符号化定理と同様である。情報源符号ではハフマン符号が最適であることは 4 章で示した。通信路符号においては，情報速度が通信路容量に近く，かつ，誤り率

┌─ コーヒーブレイク ─┐

現在の LSI は怪物を内蔵している？

　現在，1 チップで 1 テラビット以上のメモリが実現している。このようにパソコンに搭載できるメモリが大きくなってきたことが情報理論の発展を促している一つの要素であることは間違いない。テラは怪物を表すギリシャ語に由来するもので，10 の 12 乗を表す接頭語である。あの小さな LSI チップに 10 の 12 乗ビットも記憶できるなんて，現在の LSI チップは怪物を内蔵しているのであろうか？まさに，呼び出せば巨人が出てくるアラジンの魔法のランプ以上である。

が 0 に近い符号ほどよい符号となるが, どんな符号が最適な符号であるのかという問題は現在の研究課題にもなっている。

演 習 問 題

【1】 誤り率 $p = 0.1$ の 2 元対称通信路の通信路容量を計算せよ。

【2】 「トン」と「ツー」の二つの音を用いて情報伝送を行う場合を考える。どちらの音も持続時間は $0.5\,\mathrm{s}$ である。伝送過程において途中で雑音が発生して, それにかき消されてどちらの音かわからなくなる。このようなことは平均 $5\,\mathrm{s}$ に 1 回生じる。$1\,\mathrm{s}$ 当りに受信側に届く情報量を計算せよ。

【3】 つぎの通信路行列で与えられる通信路の通信路容量を計算せよ。

$$T = \begin{pmatrix} 0.8 & 0.1 & 0.1 \\ 0.1 & 0.8 & 0.1 \\ 0.1 & 0.1 & 0.8 \end{pmatrix}$$

【4】 図 *6.15* のように, BSC を並列させて送信者 X_1, X_2 が受信者 Y に情報を送信する通信路を考えた場合, この通信路の通信路容量はそれぞれの通信路容量の和となることを確かめてみよ。それぞれの通信路容量は $C_1 = 1 - H(p_1)$, $C_2 = 1 - H(p_2)$ である。

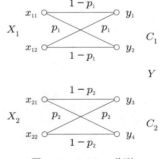

図 *6.15* BSC の並列

【5】 2 元記号 0, 1 を反転確率 p の BSC を通して送る場合, 送る記号を 5 回繰り返したものを符号語とした場合, 受信側での復号誤り率 P_E を求めよ。また, このときの情報速度 R はどうなるか。

7

符 号 理 論

本章の目的は，つぎの二つである。

目的 1.　誤り検出，訂正符号の概念を理解し，符号を構成するために必要
　　　　となる数学的な事項について学ぶこと。

目的 2.　具体的にいくつかの誤り検出，訂正符号の原理ならびに実現法を
　　　　学ぶこと。

7.1　誤りの検出と訂正の理論

〔*1*〕**符 号 理 論**　　*6* 章の通信路符号化定理では，通信路符号化にランダム符号化を用いて，送信系列（符号語）の長さを十分に長くとることにより受信側で誤る確率をいくらでも小さくできることを述べた。

しかし，実際には符号語の長さは有限とする必要があり，また，ランダム符号化を用いることは現実的ではないので，実際のシステムに適用できる符号を考えなければならない。誤り検出，訂正符号を構成する手法，ならびにその評価のために必要となる学問が**符号理論**（coding theorem）である。

本章では，情報ブロックと符号語が 2 元記号で表される符号のみを考える。なお，通信路符号化は情報源符号化と分けて考えることにする。そこで，図 *6.1* において，通信路符号器に入力される記号（情報源符号器の出力）と，情報源記号（情報源符号器の入力）とを区別するため，通信路符号器に入力される記号を**情報記号**と呼ぶことにする。また，複数の情報記号をまとめてブロック化したものを**情報ブロック**と呼ぶことにする。

〔*2*〕**誤りの訂正と検出**　　通信路上で，誤りの生じた受信系列から誤りを

見いだし正しいデータを復元することを**誤り訂正**（error correction）という。これに対し，受信系列に誤りが生じていることだけを検知することを**誤り検出**（error detection）という。

　誤り訂正を実現する符号が**誤り訂正符号**（error correcting code）であり，誤り検出のみを行う符号が**誤り検出符号**（error detecting code）である。これらは，誤りの影響をうまく回避する方法ということで**誤り制御**（error control）という。誤り制御により，受信側では誤りの生じた受信系列からもとのデータを復元する必要があるが，誤り訂正符号を用いて受信した系列のみから誤りを訂正する方式を順方向誤り訂正（forward error correction：**FEC**）方式という。

　一方，誤り検出符号を用いる場合は，受信した符号語に誤りが検出された場合，自動的にその符号語を再度送るように送信側に要求を出す。そして，正しい符号語を受け取ることで誤りの訂正を行うことができる。この方式は自動再送要求（automatic repeat request：**ARQ**）方式という。

〔**3**〕　**ハミング距離**　　通信路符号化は **6** 章で述べたように，N 個の 2 元系列の中から情報記号の数 M 個を選んで符号語とする方法であった。

　情報記号と符号語は 1 対 1 対応となるように選ばれるのであるが，ある符号語が別の符号語とたがいに近い（類似している）と受信側で復号結果を誤る可能性が高くなることは予想できる。したがって，誤る可能性をできるだけ小さくするためには，それぞれの符号語を選び出すときに，たがいに類似していない 2 元系列を符号語として選ぶことが必要である。

　6 章で述べたように，通信路符号化では一つの符号語と一つのグループを対応させて，一つのグループには一つの符号語が存在するようにした。このとき，ある符号語と近い系列はその符号語が属するグループに入るようにする。このようにすれば，受信された符号語（受信語）に誤りが生じていても，同じグループに含まれていればもとの情報が復元できるのである。

　そこで，二つの 2 元系列の距離（類似度）を測るものとして**ハミング距離**（Hamming disitance）を導入しよう。

定義 7.1 （ハミング距離）

　長さ n の 2 元系列 $\boldsymbol{x} = x_1 x_2 \cdots x_n$, $\boldsymbol{y} = y_1 y_2 \cdots y_n$ のハミング距離 $d_H(\boldsymbol{x}, \boldsymbol{y})$ はつぎのように定義される。

$$d_H(\boldsymbol{x}, \boldsymbol{y}) = \sum_{i=1}^{n} x_i \oplus y_i \tag{7.1}$$

ただし，$\oplus$ は排他的論理和である。

つまり，ハミング距離は同じ長さの二つの 2 元系列を並べたときに，その系列の中にたがいに異なっている記号が何ビットあるかを示している。

〔4〕 誤り検出，訂正の原理　　1.2 節の符号を例にとり，誤り検出と訂正の原理を述べる。この符号を用いれば，受信側で 0, 1 の多いほうに復号すれば一つの誤りを訂正できることはすでに述べた。誤りの検出および訂正符号として用いた場合の集合を図 7.1 に示す。各 2 元系列からハミング距離が 1 となる系列をそれぞれ線で結んでいる。

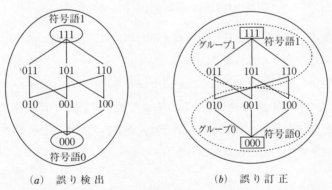

(a) 誤り検出　　　　　(b) 誤り訂正

図 7.1　1.2 節の符号を誤り検出および誤り訂正符号として用いる場合

　まず，誤り検出符号として用いる場合について述べる。$N = 8$ 〔個〕の送信可能な 2 元系列のうち情報記号の数 $M = 2$ 〔個〕だけ選んで符号語とする。受信側では，選ばれた符号語を知っていれば，受信語が符号語以外であれば誤り

が生じたと判断することができる。図 (a) より，符号語間のハミング距離は 3 であるから，誤り検出のみを目的とする場合は二つの誤りまで検出できる。

つぎに，誤り訂正符号として用いる場合について述べる。図 (b) に示すように，符号語からハミング距離 1 以下となる 2 元系列を，その符号語のグループに含まれる集合としてまとめる。このようにすれば，送信した符号語に一つの誤りが生じても受信語は送信した符号語と同じグループに属しているから，復号結果を誤ることはないので一つの誤りを訂正できる符号となる。

ある符号における任意の異なる二つの符号語 $\boldsymbol{w}_i = w_{i,1} w_{i,2} \cdots w_{i,n}$，$\boldsymbol{w}_j = w_{j,1} w_{j,2} \cdots w_{j,n}$ の間のハミング距離の最小値をその符号の**最小ハミング距離**といい，次式のように $d_{H,\min}$ と表す。

$$d_{H,\min} = \min_{\boldsymbol{w}_i \neq \boldsymbol{w}_j} d_H(\boldsymbol{w}_i, \boldsymbol{w}_j) \tag{7.2}$$

例題 7.1   **1.2** 節の 3 回繰返し符号の最小ハミング距離 $d_{H,\min}$ を調べよ。

【解答】   符号語は 000, 111 の二つのみであるから $d_{H,\min} = 3$ である。それぞれの符号語はハミング距離が最大となるように割り当てられている。   ◇

誤りを検出，訂正できる符号を構成するためには，符号間の最小ハミング距離をできるだけ大きくする必要がある。つまり，最小ハミング距離が大きければ誤りを検出，訂正できる能力が高いことになる。ここで，最小ハミング距離 $d_{H,\min}$ をもつ符号の誤り検出能力 T_d，および誤り訂正能力 T_c を示す。

まず，誤り検出符号として用いる場合は，ある符号語が別の符号語に変わらなければ誤りが生じたことはわかるから

$$T_d = d_{H,\min} - 1 \tag{7.3}$$

であり，T_d ビットまでの誤りを検出することができる。

つぎに，この符号を誤り訂正符号として用いる場合は

$$T_c = \lfloor \frac{d_{H,\min} - 1}{2} \rfloor \tag{7.4}$$

であり，T_c ビットまでの誤りを訂正できる。ここで，$\lfloor x \rfloor$ は x 以下の最大整数を表す。例にあげた 3 回繰返し符号は，式 (7.3)，(7.4) を満たしていることは図 **7.1** からも確認できる。

〔**5**〕　**ブロック符号を用いた誤り訂正，検出符号の構成**　これまで誤り検出，訂正符号の例としてあげた繰返し符号は，情報記号が 0, 1 の二つだけであった。しかし，情報源符号と同様，符号の構成においては複数の情報記号を一つにまとめるブロック化を行い，その情報ブロックに対して符号語を割り当てるブロック符号としたほうが効率がよくなる。ここでは，情報ブロックおよび符号語が 0 と 1 のみで表される 2 元ブロック符号の構成法を考える。

ブロック符号は k ビットの情報ブロック $\boldsymbol{u} = u_1 u_2 \cdots u_k$ に m ビットの検査記号 $\boldsymbol{c} = c_1 c_2 \cdots c_m$ を付加した 2 元系列を，符号長 n ビットの符号語 $\boldsymbol{w} = w_1 w_2 \cdots w_n$ として割り当てるものとする。ここで，$n = k + m$ である。

検査記号とは，受信側で誤りの検出や訂正のために用いられ，これは情報ブロックによって一意に定められる。このように作られた符号語の構成を図 **7.2** に示す。この符号語は情報記号と検査記号とに分離できる形となっており，符号語がこのような構造となる符号を**組織符号** (systematic code) という。

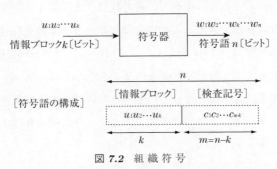

図 **7.2** 組 織 符 号

例えば，**1.2** 節の 3 回繰返し符号では，符号語 000 は情報 0 に対する検査記号が 00 であり，符号語 111 は情報 1 に対する検査記号が 11 であると考えれば組織符号の形となっている。本章で述べるブロック符号はすべて組織符号である。

また，符号語に含まれる情報記号の割合を**符号化率**（code rate）といい，情報ブロックと符号語のそれぞれの長さを用いてつぎのように定義される。

$$r = \frac{k}{n} \tag{7.5}$$

2元符号においては，符号化率 r は式 (6.14) の情報速度 R に相当する。符号化率は 0 から 1 の間の値をとり，この値が 1 に近いほど効率のよい符号である。

7.2　パリティ検査符号

〔**1**〕　**単一誤り検出符号**　　ある符号語の中に一つの誤りが生じた場合，その誤りを検出できる条件は，式 (7.3) より各符号語間のハミング距離が 2 以上となることである。この条件を満たす符号として**パリティ検査符号**（parity check code）がある。

これは情報ブロックに一つの検査記号を付け加えて符号語とする符号である。この検査記号をパリティビットといい，パリティビットは符号語に含まれる 1 の数が偶数個になるように決められる。このように作られた符号を偶数パリティ検査符号という。もちろん，すべての符号語に含まれる 1 の数を奇数に設定しても一つの誤りは検出できる。この場合は奇数パリティ検査符号という。

この符号は情報ブロック $\boldsymbol{u} = u_1 u_2 \cdots u_k$ に対して，一つの検査記号 c を加えて符号語長 $n = k+1$ の符号とするので，符号語は $\boldsymbol{w} = u_1 u_2 \cdots u_k c$ と表すことができ，組織符号の形となっている。符号語の中の 1 の数を偶数にするためには，パリティビット c はつぎの式を満たすように決めればよい。

$$c = u_1 \oplus u_2 \oplus \cdots \oplus u_k$$

ただし，$\oplus$ は排他的論理和を表す。このようにすれば，$u_1 u_2 \cdots u_k$ に含まれる 1 の数が偶数であれば $c = 0$，奇数であれば $c = 1$ となるので，符号語 $\boldsymbol{w}$ に含まれる 1 の数はつねに偶数となる。以後，2 元記号の演算において，$\oplus$ は単に $+$ と表記することにする。符号語 $\boldsymbol{w} = w_1 w_2 \cdots w_n$ に対して

$$w_1 + w_2 + \cdots + w_n = u_1 + u_2 + \cdots + u_k + c = 0 \tag{7.6}$$

が成り立つ。この式は偶数パリティ検査符号のすべての符号語 w が満たす式で，**パリティ検査方程式**（parity check equation）という。この符号の符号化率は $r = k/(k+1)$ であり，最小ハミング距離は $d_{H,\min} = 2$ となる。

例題 7.2　　つぎの四つの $k = 4$ ビットの情報ブロック $\{0111, 1010, 0011, 1000\}$ をそれぞれ偶数パリティ符号に符号化せよ。

【解答】　$c = u_1 + u_2 + u_3 + u_4$ より，つぎのように $n = 5$ の符号語となる。

符号語					パリティビット
$w =$	u_1	u_2	u_3	u_4	c
	0	1	1	1	1
	1	0	1	0	0
	0	0	1	1	0
	1	0	0	0	1

一つの誤りが生じた場合は，図 **7.3** に示すように検出可能となる。

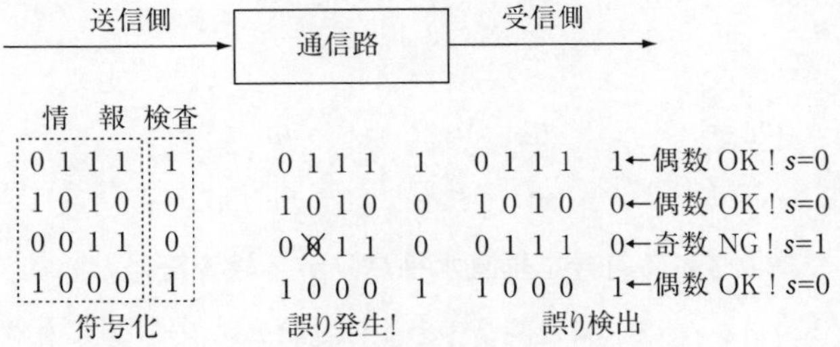

図 **7.3**　偶数パリティ検査符号による誤り検出

◇

受信側における受信語 $y = y_1 y_2 \cdots y_n$ としたとき，これに誤りが生じたかどうかは，式 (7.6) のパリティ検査方程式が成り立つかどうかを確かめることで検出することができる。受信語 y に対して

$$s = y_1 + y_2 + \cdots + y_n \tag{7.7}$$

を計算して $s = 0$ なら誤りなし，$s = 1$ であれば誤りが生じたと判定できる。

すなわち，受信語に異常があるかどうかの検査結果は s で与えられるので，この値は**シンドローム**（syndrome）と呼ばれる。シンドロームは病気の症候群の意味であり，症状を調べることでどこに異常があるのかを診断するのである。

〔**2**〕　**垂直水平パリティ検査符号**　　偶数パリティ検査符号では，符号語の中に一つの誤りが生じていることは検知できるが，誤り位置を確定させることはできない。そこで，受信側で誤り位置を知る方法について考えてみよう。

長さ k ビットの情報ブロックが l 個ある場合を考える。すでに述べた偶数パリティ検査符号では各情報ブロックに 1 ビットずつパリティビットを付加する。これらを $w_1, w_2, \cdots, w_l$ と表す。そして，下に示すように，この l 個の符号語を並べて垂直方向の 1 列を長さ l の情報ブロックとみなして，垂直方向の 1 の数も偶数になるようにパリティビットを付加するのである。

符号語					水平パリティビット
$w_1 =$	u_{11}	u_{12}	$\cdots$	u_{1k}	c_1
$w_2 =$	u_{21}	u_{22}	$\cdots$	u_{2k}	c_2
$\vdots$	$\vdots$	$\vdots$	$\cdots$	$\vdots$	$\vdots$
$w_l =$	u_{l1}	u_{l2}	$\cdots$	u_{lk}	c_l
垂直パリティビット	c_1'	c_2'	$\cdots$	c_k'	c

このように構成される符号を**垂直水平パリティ検査符号**という。l 個のパリティビット $c_1, c_2, \cdots, c_l$ により誤りのある符号語を見つけ出し，k 個のパリティビット $c_1', c_2', \cdots, c_k'$ により誤りの場所を見つけ出すのである。l 個の符号語の中に一つのみの誤りが生じた場合は，水平垂直ともにシンドロームが 1 となり，**図 7.4**(a) に示すように，水平垂直で交差した位置が誤りと確定できるから，ここを反転すれば一つの誤りは訂正できる。

この符号は，$k \times l$ ビットの一つの情報ブロックに対して，$(k+1) \times (l+1)$ ビットの符号語を割り当てると考えれば，この符号の符号化率は $r = kl / \{(k+l)(l+1)\}$ となり，組織符号の形となっている。

また，この符号の最小ハミング距離は $d_{H,\min} = 4$ であるので式 (7.4) より誤

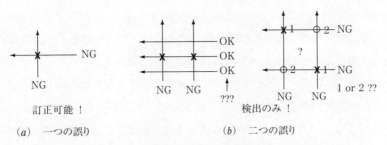

(*a*) 一つの誤り　　　　　　　(*b*) 二つの誤り

図 **7.4** 垂直水平パリティ検査符号における誤り検出例

り訂正能力は 1 である。図 (*b*) に示すように，二つの誤りが生じた場合は訂正
することはできないが，このブロック内に二つの誤りが生じていることは検知
できる。つまり，この符号は単一誤り訂正の能力と，2 重誤り検出の能力を同
時にもち合わせた符号である。

7.3 線 形 符 号

通信路符号化定理で示されていたように，復号誤り率が小さい符号を構成す
るためには符号語長を長くする必要がある。0, 1 の情報記号に対して，同じ記
号を繰り返す符号を用いる場合，繰り返す回数 n を多くして符号語を長くすれ
ば最小ハミング距離が大きくなるので検出能力や訂正能力は向上する。しかし，
情報速度は $R = \log_2 M/n$ で表されることを思い出すと，$M = 2$ が不変なら
$R = 1/n$ となるので n 回繰り返す符号のように単に n を大きくしただけでは
R が低下して，1 送信記号で受信側に送れる情報量はだんだん小さくなる。

そこで，符号長 n を長くするとともに，通信路符号器に入る情報記号をブロッ
ク化して，情報ブロック数 M を増やすことができる符号を構成する必要がある。

いままで述べてきた繰返し符号やパリティ検査符号などの誤り検出符号や誤
り訂正符号は直観的に構成できる符号であった。しかし，情報ブロックの数を
多くすると符号長 n を長くする必要があるので，符号語の候補となる 2 元系列
が n に対して増大する。送信側でこの中から情報ブロックの数だけ，各符号語
間のハミング距離が大きくなるように符号語を選び出すことや，受信側での誤

り検出や訂正の操作は，もはや直観的な操作では行うことができなくなる。

そこで，これらの操作を数学的規則によって行うことを考えよう。ここでは，代数の理論によって構成される線形符号について述べる。

〔**1**〕　**線 形 符 号**　　y が x の 1 次関数で表されるときは，$y = Ax$（A は定数）で表すことができ，このとき，y は x に対して線形であるという。また，y が x の 2 次以上の高次の式で表されるときは，y は x に対して非線形であるという。これと同様に，符号語が情報ブロックの 1 次式で表現できる形となる符号を**線形符号**（linear code）という。

$y = Ax$ の形で表される線形関数は重ね合わせの理が成り立つ性質がある。つまり，情報ブロック $\boldsymbol{u}$ に対して符号語 $\boldsymbol{w}$ が $\boldsymbol{w} = f(\boldsymbol{u})$ で定義されれば

$$f(\boldsymbol{u} + \boldsymbol{v}) = f(\boldsymbol{u}) + f(\boldsymbol{v}) \tag{7.8}$$

が成り立つ。これは，$\boldsymbol{u}$ に対する符号語と，情報ブロック $\boldsymbol{v}$ に対する符号語を加え合わせれば，$\boldsymbol{u} + \boldsymbol{v}$ に対する符号語に一致することを示している。

〔**2**〕　**生成行列と検査行列**　　線形符号を一般式で書くと，符号語 $\boldsymbol{w} = w_1 w_2 \cdots w_n$ は情報ブロック $\boldsymbol{u} = u_1 u_2 \cdots u_k$ に対して

$$\begin{cases} w_1 = g_{11} u_1 + g_{21} u_2 + \cdots + g_{k1} u_k \\ w_2 = g_{12} u_1 + g_{22} u_2 + \cdots + g_{k2} u_k \\ \vdots \qquad \vdots \\ w_n = g_{1n} u_1 + g_{2n} u_2 + \cdots + g_{kn} u_k \end{cases} \tag{7.9}$$

と表される。ただし，情報ブロックと符号語は 2 元記号であるから，**7.2**節で述べたように加算は排他的論理和（EX-OR）で表される。また，0 と 1 のみであれば乗算は論理積（AND）で表される。これらの演算は **2 を法とする演算**と呼ばれており，mod 2[†]の記号で表記される。2 を法とする演算を**表 7.1** に示す。2 元記号に対する演

表 7.1　2 を法とする演算（mod 2）

+	0	1		×	0	1
0	0	1		0	0	0
1	1	0		1	0	1
加　算				乗　算		

---

†　$x \bmod n$ は x を n で除した余りを意味する（$(1+1) \bmod 2 = 0$）。

算結果もまた2元記号となっていることが確認できる。

式 (7.9) における g_{ij} はつぎのように表される $k \times n$ の行列の要素であり，これを**生成行列** (generator matrix) といい，つぎのように $\boldsymbol{G}$ で表す。

$$\boldsymbol{G} = \begin{pmatrix} g_{11} & \cdots & g_{1n} \\ \vdots & \cdots & \vdots \\ g_{k1} & \cdots & g_{kn} \end{pmatrix} \tag{7.10}$$

符号語および情報ブロックをそれぞれベクトル[†] $\boldsymbol{w} = (w_1, w_2, \cdots, w_n)$，$\boldsymbol{u} = (u_1, u_2, \cdots, u_k)$ で表すと，線形符号の符号語 $\boldsymbol{w}$ はつぎのように表される。

$$\boldsymbol{w} = \boldsymbol{uG} \tag{7.11}$$

また，$\boldsymbol{G}$ に対して次式を満たす $m \times n$ の行列 $\boldsymbol{H}$ を考えてみよう。

$$\boldsymbol{G}\boldsymbol{H}^T = [\boldsymbol{0}] \tag{7.12}$$

ここで，$m \ (= n - k)$ は検査記号数，$\boldsymbol{H}^T$ は $\boldsymbol{H}$ の転置，$[\boldsymbol{0}]$ は要素がすべて 0 の行列を表す。$\boldsymbol{H}^T$ を式 (7.11) の両辺の右側から乗じると式 (7.12) より

$$\boldsymbol{w}\boldsymbol{H}^T = \boldsymbol{0} \tag{7.13}$$

となることがわかる。ただし，$\boldsymbol{0}$ は要素がすべて 0 のベクトルを表す。これが線形符号のパリティ検査方程式となる。符号語が式 (7.13) を満たすように作られるとすれば，$\boldsymbol{H}$ を誤りの検査のために用いることができるので，この行列 $\boldsymbol{H}$ を**パリティ検査行列** (parity check matrix)，または単に**検査行列**という。

受信側ではパリティ検査符号と同様に，シンドロームを計算して誤り検出や誤り訂正を行う。このシンドロームをベクトル表現して $\boldsymbol{s} = (s_1, s_2, \cdots, s_m)$ とし，受信語もベクトル表現して $\boldsymbol{y} = (y_1, y_2, \cdots, y_n)$ と表す。受信語に誤りがなければ式 (7.13) のパリティ検査方程式が成り立つから，$\boldsymbol{y}$ と $\boldsymbol{H}^T$ を乗じた結果は 0 ベクトルになるので，シンドローム $\boldsymbol{s}$ は

[†] これは $1 \times k$ の行列で表すことができ，横ベクトル（または行ベクトル）と呼ぶ。ここでは，横ベクトルを単にベクトルと呼ぶことにする。

$$s = yH^T \tag{7.14}$$

で表される。検査行列 H が

$$H = \begin{pmatrix} h_{11} & \cdots & h_{1n} \\ \vdots & \cdots & \vdots \\ h_{m1} & \cdots & h_{mn} \end{pmatrix} \tag{7.15}$$

のように表されるとすれば，式 (7.14) より

$$\begin{cases} s_1 = h_{11}y_1 + h_{12}y_2 + \cdots + h_{1n}y_n \\ s_2 = h_{21}y_1 + h_{22}y_2 + \cdots + h_{2n}y_n \\ \vdots \qquad \vdots \\ s_m = h_{m1}y_1 + y_{m2}y_2 + \cdots + h_{mn}y_n \end{cases} \tag{7.16}$$

が得られる。つまり，線形符号のパリティ検査方程式も線形方程式として表される。受信語 y が符号語に雑音が加わった形で表されるとすると

$$y = w + e \tag{7.17}$$

と表せる。ここで，$e = (e_1, e_2, \cdots, e_n)$ は誤りベクトルと呼ばれる。式 (7.17) の加算は排他的論理和であるから，e は誤りの生じた位置の要素が 1 である。つまり，受信語に誤りがなければ e の要素はすべて 0 となる。

したがって，式 (7.13)，(7.17) を用いると，シンドローム s はつぎのように表すこともできる。

$$s = eH^T \tag{7.18}$$

つまり，シンドロームは送信した符号語に依存せず誤りのみで定まる値である。

例題 7.3　偶数パリティ検査符号の生成行列と検査行列を表してみよ。

【解答】　符号語は $w = (u_1, u_2, \cdots, u_k, c)$ であり，パリティビットは $c = u_1 + u_2 + \cdots + u_k$ で表される。したがって，式 (7.11) で符号語を作るとすれば

$$\boldsymbol{w} = (u_1, u_2, \cdots, u_k) \begin{pmatrix} 1 & 0 & \cdots & 0 & 1 \\ 0 & 1 & \cdots & 0 & 1 \\ \vdots & \vdots & \cdots & \vdots & \vdots \\ 0 & 0 & \cdots & 0 & 1 \\ 0 & 0 & \cdots & 1 & 1 \end{pmatrix} = (u_1, \cdots, u_k, u_1 + \cdots + u_k)$$

となればよいから，生成行列は

$$\boldsymbol{G} = \left(\begin{array}{c|c} & 1 \\ E_k & \vdots \\ & 1 \end{array} \right)$$

で与えられる $k \times (k+1)$ の行列となる。ここで，E_k は $k \times k$ の単位行列である。

式 (7.13) より符号語と検査行列の転置の積がパリティ検査方程式となるので

$$\boldsymbol{H} = (1, 1, \cdots, 1)$$

のように検査行列 $\boldsymbol{H}$ を n 個の要素がすべて 1 のベクトルとすれば，式 (7.6) と同じパリティ検査方程式が得られる。ここで示した $\boldsymbol{G}$ と $\boldsymbol{H}$ は式 (7.12) を満たす（確かめてみよ）。   ◇

例題より偶数パリティ検査符号は線形符号の形になっていることがわかる。

〔3〕 ハミング符号   偶数パリティ検査符号ではシンドロームが 1 ビットであるから，受信語の誤りに関して誤りの有無の 1 ビットの情報しか得ることができない。式 (7.11) によって作られる符号はシンドローム $\boldsymbol{s}$ が式 (7.14) で与えられ，検査記号の数を m とすれば，$\boldsymbol{s}$ は m 個の要素をもつベクトルで与えられる。このシンドロームの m 個の要素を利用して誤り位置を見つけ出して，誤りの訂正ができる符号を考えてみよう。

このような符号の例として**ハミング符号**（Hamming code）について示す。

定義 7.2（ハミング符号）

検査記号数 m，符号長 $n = 2^m - 1$，情報ブロックの長さ $k = n - m$ となる線形符号をハミング符号といい，単一誤り訂正符号となる。

この符号の構成法を例を用いて示す。

例 7.1　符号長 $n = 3$ のハミング符号を構成しよう。$n = 3$ より，$m = 2$，$k = 1$ である。シンドロームの要素数は検査記号数と同じなので，これを $\boldsymbol{s} = (s_1, s_2)$ とする。このシンドロームの値が誤り位置と 1 対 1 対応となるような符号を構成してみよう。符号語，誤りベクトルおよび受信語ベクトルはそれぞれ $\boldsymbol{w} = (w_1, w_2, w_3)$，$\boldsymbol{e} = (e_1, e_2, e_3)$，$\boldsymbol{y} = (y_1, y_2, y_3)$ で表されるとする。

単一の誤りの発生は e_1, e_2, e_3 のいずれかが 1 となることと表現できる。誤り位置とシンドロームが以下に示すような対応となるようにする。

誤り位置	e_1	e_2	e_3	s_1	s_2
1	1	0	0	0	1
2	0	1	0	1	0
3	0	0	1	1	1

このとき，検査行列を

$$\boldsymbol{H} = \begin{pmatrix} 0 & 1 & 1 \\ 1 & 0 & 1 \end{pmatrix}$$

のように定めれば，対応するパリティ検査方程式として

$$(s_1, s_2) = (e_1, e_2, e_3) \begin{pmatrix} 0 & 1 \\ 1 & 0 \\ 1 & 1 \end{pmatrix} = \boldsymbol{e}\boldsymbol{H}^T = \boldsymbol{y}\boldsymbol{H}^T \tag{7.19}$$

が得られる。

符号語は式 (7.13) に示す $\boldsymbol{w}\boldsymbol{H}^T = \boldsymbol{0}$ を満たすように作る必要があるから，$w_2 + w_3 = 0$，$w_1 + w_3 = 0$ となるように検査記号を定める。$k = 1$ より情報ブロックは一つの記号なので u と表し，二つの検査記号を c_1，c_2 とする。c_1 を w_1 に，c_2 を w_2 に，および u を w_3 にそれぞれ割り当てると，符号語は $\boldsymbol{w} = (c_1, c_2, u)$ となり組織符号の形となっている。検査記号 c_1，c_2 は $\boldsymbol{w}\boldsymbol{H}^T = \boldsymbol{0}$ より

$$c_2 \quad + u = 0$$
$$c_1 \qquad + u = 0$$

を満たすから，$c_1 = c_2 = u$ が成り立つ。したがって，符号語は (u, u, u) で表されるから生成行列は $\boldsymbol{G} = (1, 1, 1)$ となる。符号語は式 (7.11) より

$$(w_1, w_2, w_3) = u\boldsymbol{G} = u(1, 1, 1) = (u, u, u)$$

となることがわかる。$\boldsymbol{G}$ および $\boldsymbol{H}$ は式 (7.12) を満たす（確認してみよ）。

例題 7.4　例 7.1 のハミング符号において，シンドローム $\boldsymbol{s}$ の要素を並べて 2 進数表現した値 $(s_1 s_2)_2$ が誤り位置を表すことを確認せよ。

【解答】　情報記号 0 に対して符号語は 000 となり，1 に対しては 111 となる。例えば，符号語 111 に対して，2 番目の位置に誤りが生じて 101 となった場合，これを受信語 (y_1, y_2, y_3) として式 (7.19) に代入すると，$s_1 = 1$, $s_2 = 0$ が得られる。したがって，$(10)_2 = 2$ であるので y_2 が誤りであることがわかる。誤り位置を反転すればもとの符号語が復元できる。　　　　　　　　　　　　◇

これまでたびたび例にあげてきた 3 回繰返し符号は，じつは線形符号であり，かつハミング符号にもなっていたのである。この符号の符号化率は 1/3 であるので効率がよいとはいえない。そこで，符号化率を上げるために，定義 7.2 に従ってさらに符号長の長いハミング符号に拡張してみよう。

例 7.2　符号長 $n = 7$ のハミング符号を構成しよう。$n = 7$ より，$m = 3$，$k = 4$ となる。例 7.1 と同じように誤り位置とシンドローム $\boldsymbol{s} = (s_1, s_2, s_3)$ を 1 対 1 に対応させる。符号語，誤りベクトルおよび受信語ベクトルはそれぞれ $\boldsymbol{w} = (w_1, w_2, w_3, w_4, w_5, w_6, w_7)$, $\boldsymbol{e} = (e_1, e_2, e_3, e_4, e_5, e_6, e_7)$, $\boldsymbol{y} = (y_1, y_2, y_3, y_4, y_5, y_6, y_7)$ で表す。ここで，単一の誤り位置とシンドロームが以下に示すような対応となるようにする。

誤り位置	e_1	e_2	e_3	e_4	e_5	e_6	e_7	s_1	s_2	s_3
1	1	0	0	0	0	0	0	0	0	1
2	0	1	0	0	0	0	0	0	1	0
3	0	0	1	0	0	0	0	0	1	1
4	0	0	0	1	0	0	0	1	0	0
5	0	0	0	0	1	0	0	1	0	1
6	0	0	0	0	0	1	0	1	1	0
7	0	0	0	0	0	0	1	1	1	1

このとき，検査行列を

$$
\boldsymbol{H} = \begin{pmatrix} 0 & 0 & 0 & 1 & 1 & 1 & 1 \\ 0 & 1 & 1 & 0 & 0 & 1 & 1 \\ 1 & 0 & 1 & 0 & 1 & 0 & 1 \end{pmatrix}
$$

のように定めれば，対応するパリティ検査方程式として例 7.1 と同様に

$$
(s_1, s_2, s_3) = \boldsymbol{e}\boldsymbol{H} = (e_1, e_2, e_3, e_4, e_5, e_6, e_7) \begin{pmatrix} 0 & 0 & 1 \\ 0 & 1 & 0 \\ 0 & 1 & 1 \\ 1 & 0 & 0 \\ 1 & 0 & 1 \\ 1 & 1 & 0 \\ 1 & 1 & 1 \end{pmatrix}
$$

$$
= \boldsymbol{y}\boldsymbol{H}^T \tag{7.20}
$$

が得られる。符号語は $\boldsymbol{w}\boldsymbol{H}^T = \boldsymbol{0}$ を満たすように作るとすれば

$$
w_4 + w_5 + w_6 + w_7 = 0
$$

$$
w_2 + w_3 + w_6 + w_7 = 0
$$

$$
w_1 + w_3 + w_5 + w_7 = 0
$$

が成り立つように検査記号を定める。情報ブロックを $\boldsymbol{u} = (u_1, u_2, u_3, u_4)$，検査記号を c_1, c_2, c_3 と表す。符号語が $\boldsymbol{w} = (c_1, c_2, u_1, c_3, u_2, u_3, u_4)$ となる組織符号の形で表されるとすると，上式より

$$c_1 = u_1 + u_2 + u_4 \qquad (7.21)$$

$$c_2 = u_1 + u_3 + u_4 \qquad (7.22)$$

$$c_3 = u_2 + u_3 + u_4 \qquad (7.23)$$

となるように検査記号を決めればよい。符号語を情報記号のみ用いて表すと

$$\boldsymbol{w} = (u_1 + u_2 + u_4, u_1 + u_3 + u_4, u_1, u_2 + u_3 + u_4, u_2, u_3, u_4)$$

となるから，$\boldsymbol{w}$ と $\boldsymbol{u}$ の関係を式 (7.11) の形で表すと生成行列 $\boldsymbol{G}$ が

$$\boldsymbol{w} = \boldsymbol{uG} = (u_1, u_2, u_3, u_4) \begin{pmatrix} 1 & 1 & 1 & 0 & 0 & 0 & 0 \\ 1 & 0 & 0 & 1 & 1 & 0 & 0 \\ 0 & 1 & 0 & 1 & 0 & 1 & 0 \\ 1 & 1 & 0 & 1 & 0 & 0 & 1 \end{pmatrix} \qquad (7.24)$$

のように表せる。$\boldsymbol{G}$ および $\boldsymbol{H}$ は式 (7.12) を満たす（確認してみよ）。

例題 7.5　例 7.2 のハミング符号において，シンドローム $\boldsymbol{s}$ の要素を並べて 2 進数表現した値 $(s_1 s_2 s_3)_2$ が誤り位置を表すことを確認せよ。

【解答】　例として 4 ビットの情報ブロック 0011 からハミング符号の符号語を構成する。式 (7.21)～(7.23) より，検査記号は $c_1 = 1$, $c_2 = 0$, $c_3 = 0$ となるので，符号語は 1000011 となる。ここで，左から 6 番目に誤りが生じて 1000001 となった場合を考えてみる。

　これを $y_1 y_2 \cdots y_7$ として式 (7.20) に代入すると，$s_1 = 1$, $s_2 = 1$, $s_3 = 0$ が得られる。したがって，$(110)_2 = 6$ となるので y_6 が誤りであることがわかる。　◇

$n = 7$ のハミング符号は符号化率は 4/7 であり，$n = 3$ のハミング符号よりも効率はよくなる。また，ハミング符号の最小ハミング距離は 3 となる。

ハミング符号の検査行列 $\boldsymbol{H}$ は式 (7.19), (7.20) を見ると，m ビットで表せる 2 元系列のうち，すべて 0 を除いた $2^m - 1$ 個を列として並べた形となることがわかる。また，検査記号は各 2 元系列のうち 1 の数が 1 個の位置に配置される。同様にして $m = 4$, $n = 15$ のハミング符号へ拡張できる（演習問題【3】）。

7.4 巡 回 符 号

線形符号のうちで**巡回符号**（cyclic code）は特に重要である。この符号は，符号化や誤りの検出が簡単に行える符号であり，装置化も容易である。

〔**1**〕 **巡回符号の定義**   巡回符号とは，2元系列で表される符号語を巡回シフトさせた2元系列が，同一，あるいは別の符号語となっている構造の符号である。ここで，巡回シフトとはシフトによって最上位ビットからあふれた記号は最下位ビットに，最下位ビットからあふれた記号は最上位ビットにもっていく操作であり，回転シフトとも呼ばれる。図 **7.5** に示すように，**7.2** 節で取り上げた偶数パリティ検査符号や，**1.2** 節の繰返し符号は巡回符号となっている。

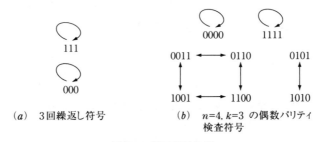

(*a*) 3回繰返し符号   (*b*) $n=4, k=3$ の偶数パリティ検査符号

図 **7.5** 巡回符号の例

例題 7.6   奇数パリティ検査符号において，任意の符号語を巡回シフトさせたものは別の符号語となることを確認してみよ。

【解答】 例えば，符号長 $n=4$ の奇数パリティ検査符号はつぎのようになる。

$$\{0001, 0010, 0100, 1000, 0111, 1110, 1101, 1011\}$$

任意の符号語を巡回シフトさせるとほかの符号語となっている。   ◇

〔**2**〕 **2元系列の多項式表現**   巡回符号は多項式表現を用いた演算により定義されるので，本節では2元系列を x の多項式で表す。なお，多項式表現は降べきの順とするので，前節までの長さ n の2元系列の表現が，ここでは

$u = u_{n-1}u_{n-2}\cdots u_1u_0$ のように，添え字を $n-1$ から 0 の降順で表している
ことに注目する。長さ n の 2 元系列 u をつぎのような多項式 $U(x)$ で表現する。

$$U(x) = u_{n-1}x^{n-1} + u_{n-2}x^{n-2} + \cdots + u_1x + u_0 \qquad (7.25)$$

これにより，長さ n の 2 元系列は $n-1$ 次以下の多項式で表現できる。

例題 7.7　長さ $n=7$ の 2 元系列 $u = 0110101$ を多項式表現せよ。

【解答】　u を $n-1$ $(=6)$ 次以下の多項式 $U(x)$ で表すとつぎのようになる。
$U(x) = 0\cdot x^6 + 1\cdot x^5 + 1\cdot x^4 + 0\cdot x^3 + 1\cdot x^2 + 0\cdot x + 1\cdot 1 = x^5 + x^4 + x^2 + 1$　◇

〔3〕 多項式の四則演算　ここでは，2 元系列を多項式表現した式の四則演
算を考える。この演算はもとの 2 元系列における演算と対応させる必要がある。

最初に，加算について考えてみよう。例えば，長さ 3 の二つの 2 元系列 $a = 110$，
$b = 011$ がある。まず，これらの 2 元系列をベクトルで $a = (1,1,0)$，$b = (0,1,1)$
と表すことにする。これらの二つの和は**図 7.1** で示されるように 2 を法とする
演算とすれば，ベクトル和は各要素ごとの加算で与えられるから

　$a + b = (1,1,0) + (0,1,1) = (1,0,1)$

となる。一方，これら二つの 2 元系列 a, b を多項式表現すると，$A(x) = x^2 + x$，
$B(x) = x + 1$ となる。これらの多項式の和は各係数の和であるから，これを 2
を法とする演算で行えば

　$A(x) + B(x) = 1\cdot x^2 + 1\cdot x + 1\cdot x + 1 = x^2 + (1+1) + 1 = x^2 + 1$

となる。2 元系列 $(1,0,1)$ は多項式表現すると $x^2 + 1$ であるから両者の結果と
一致する。多項式の係数は 0 と 1 のみであるから係数 2 は 0 と等価である。

つぎに，減算について考えてみよう。この場合は負の数を考える必要がある。
例えば，$-x$ の係数は -1 となるが，2 を法とする演算では 2 と 0 は等価であり

　$-x = \{(1+1) - 1\}x = x$

となるので，$-x$ と x は等しいと考えることができる。したがって，例にあげ
た $A(x) = x^2 + x$，$B(x) = x + 1$ の差を計算すると

　$A(x) - B(x) = x^2 + x - x - 1 = x^2 + (1-1)x + \{(1+1) - 1\} = x^2 + 1$

となるので，加算の結果と一致する。つまり，2元系列を多項式表現した場合，加算と減算は同じ結果となる。

さらに，$A(x)$ と $B(x)$ の乗算についてはつぎに示すように係数が2を法とする演算となることに注目すれば，通常の多項式の演算とまったく同様である。

$$A(x) \times B(x) = (x^2 + x)(x + 1) = x^3 + x^2 + x^2 + 1 = x^3 + x$$

なお，多項式の除算についてはつぎの巡回符号の符号化操作で出てくるのでここでは省略するが，$A(x) \div B(x)$ の商は x，余りは0となることが確認できる。

多項式表現された式の演算についてつぎにまとめておく。

1.　$A(x) = a_{n-1}x^{n-1} + \cdots + a_1 x + a_0$ とすると，x^i の各係数は

$$a_i x^i = \begin{cases} x^i, & a_i が奇数 \\ 0, & a_i が偶数 \end{cases}$$

2.　$B(x) = b_{n-1}x^{n-1} + \cdots + b_1 x + b_0$ とすると，$A(x)$ との和および差は

$$A(x) + B(x) = A(x) - B(x)$$
$$= (a_{n-1} + b_{n-1})x^{n-1} + \cdots + (a_1 + b_1)x + (a_0 + b_0)$$

となる。

3.　$-A(x) = A(x)$

4.　$A(x) + A(x) = 0$

5.　乗算および除算については i, j を整数とすると指数法則が成り立つ。

$$x^i \times x^j = x^{i+j}$$

以後の演算は2を法とする演算であることに注意してほしい。

〔**4**〕　**巡回符号の構成法**　　巡回符号の構成法を以下に示す。ここで作られる符号語は **7.3** 節の線形符号と同様に，長さ n の符号語は長さ k の情報ブロックに m 個の検査ブロックを付加した形の組織符号となっている。

長さ n の2元系列は全部で 2^n 個存在するが，そのうちで**生成多項式**（generator

polynomial）と呼ばれる m 次の多項式 $G(x)$ で割り切れるものだけを符号語として用いるのである。本節で述べる巡回符号の生成多項式となるための必要な条件を以下にあげる。

1. 既約多項式である[†]。

2. $x^n + 1$ の因数となっている（つまり $x^n + 1$ を $G(x)$ で除した余りは 0）。ここで，既約多項式とは 1 と自分自身以外に因数をもたない多項式である。例えば，2 を法とする演算において，$m = 2$ の多項式では $x^2 + x + 1$ は既約多項式であるが，$x^2 + 1$ は因数分解できるので既約多項式とはならない。

例 7.3 $x^2 + 1$ を因数分解するとつぎのようになる。

$$x^2 + 1 = x^2 + (1+1)x + 1 = x^2 + 2x + 1 = (x+1)^2$$

巡回符号の生成多項式となる多項式の例を**表 7.2** に示す。

表 7.2 生成多項式となる多項式の例

次数 m	$G(x)$	次数 m	$G(x)$
1	$x + 1$	5	$x^5 + x^2 + 1$
2	$x^2 + x + 1$	6	$x^6 + x + 1$
3	$x^3 + x + 1$	7	$x^7 + x^3 + 1$
4	$x^4 + x + 1$	8	$x^8 + x^4 + x^3 + x^2 + 1$

情報ブロックを $\boldsymbol{u} = (u_{k-1}, \cdots, u_1, u_0)$, 符号語を $\boldsymbol{w} = (w_{n-1}, \cdots, w_1, w_0)$, 検査記号を $\boldsymbol{c} = (c_{m-1}, \cdots, c_1, c_0)$ とする。このとき，それぞれを多項式表現したものを $U(x)$, $W(x)$, $C(x)$ と表す。それぞれを情報多項式，符号多項式，および検査多項式と呼ぶことにする。

巡回符号の符号多項式 $W(x)$ は，まず情報多項式 $U(x)$ に x^m を乗じて $G(x)$ で除し，そして，その余り $C(x)$ を $U(x)x^m$ に加えた形で与えられる。つまり

[†] ここでいう既約多項式とは，それ以上，係数が 0 または 1 の多項式に因数分解できない多項式である。

$$W(x) = U(x)x^m + C(x) \tag{7.26}$$

となる。この $C(x)$ を剰余多項式と呼ぶ。以下，このように作られた符号多項式 $W(x)$ が $G(x)$ で割り切れることを示す。$U(x)x^m$ を $G(x)$ で除した剰余多項式が $C(x)$ であるから，次式が成り立つ。

$$U(x)x^m = B(x)G(x) + C(x) \tag{7.27}$$

ここで，$B(x)$ は $U(x)x^m$ を $G(x)$ で除した商であり，$k-1$ 次以下の多項式となる。この $B(x)$ を商多項式と呼ぶ。式 (7.27) を式 (7.26) に代入すると

$$W(x) = B(x)G(x) + C(x) + C(x) = B(x)G(x) \tag{7.28}$$

となり，$W(x)$ が $G(x)$ で割り切れることがわかる。つまり，この多項式演算においても整数の演算と同様に

(被除数) = (除数) × (商) + (余り)

が成り立つので，被除数から余りを引けば必ず除数で割り切れるというわけである。式 (7.26) の $W(x)$ は被除数 $U(x)x^m$ から余り $C(x)$ を引いた形となっていることがわかる。ただし，2 を法とする演算なので加算と減算は同じであるから式 (7.26) では加算で表されているのである。

この符号の誤り検出は容易である。受信側では受信語 y を多項式表現したものを受信多項式 $Y(x)$ として，これを生成多項式 $G(x)$ で割る。その剰余多項式が 0 となれば誤りなし，剰余多項式が 0 でなければ誤りが生じたと判定できる。

例題 7.8　生成多項式を $G(x) = x^3 + x + 1$，長さ $k = 4$ 情報ブロックを $u = 1101$ として，符号長 $n = 7$ の巡回符号に符号化せよ。また，受信語 $y = 0101001$ の誤りの有無を検査せよ。

【解答】 情報ブロックを多項式表現すると $U(x) = x^3 + x^2 + 1$ となる。これに x^m を乗じて $G(x)$ で除した計算過程を**表 7.3** に示す。

剰余多項式は $C(x) = 1$ となるので符号多項式はつぎのようになる。

表 **7.3**　巡回符号の計算例

$$x^3 + x + 1 \begin{array}{l} \overline{} \\ \end{array}$$

$$\begin{array}{r} x^3+x^2+x\ +1\ =B(x) \\ x^3+x+1\overline{)\,x^6+x^5\quad\ +x^3}=U(x)x^m \\ =G(x)\ \underline{x^6\quad\ +x^4+x^3} \\ x^5+x^4 \\ \underline{x^5\quad\ +x^3+x^2} \\ x^4+x^3+x^2 \\ \underline{x^4\quad\ +x^2+x} \\ x^3\quad\ +x \\ \underline{x^3\quad\ +x+1} \\ 1=C(x) \end{array}$$

$$W(x)=U(x)x^m+C(x)=x^6+x^5+x^3+1$$

$$\begin{array}{r} 1111 \\ 1011\overline{)\,1101000} \\ \underline{1011} \\ 1100 \\ \underline{1011} \\ 1110 \\ \underline{1011} \\ 1010 \\ \underline{1011} \\ 001 \end{array}$$

符号語 w

1101001

情報部　検査部

2元記号のままでも計算できる！

$$W(x) = U(x)x^3 + C(x) = x^6 + x^5 + x^3 + 1$$

つぎに受信語 $y = 0101001$ の誤りの有無を検査する。これを多項式表現すると $Y(x) = x^5 + x^3 + 1$ となり，これを $G(x)$ で除した剰余多項式は $C(x) = x^2 + 1$ となり，0 とならないことが確かめられるので，この受信語には誤りがある。　◇

この例題 7.8 の巡回符号は定義 7.2 より $m = 3$，$n = 7$，$k = 4$ となる線形符号でもあるので，巡回ハミング符号と呼ばれる符号となる。

表 7.3 に示した符号化の演算は右側に示すように 2 元記号のままでも行うことができる。また，この演算過程からわかるように，符号化および誤り検査における除算の操作は 2 元記号の加算（EX-OR）とシフトだけであるから，符号器をハードウェアで実現することは容易である。

例題 7.9　偶数パリティ検査符号の生成多項式は $G(x) = x + 1$ で表せることを確認してみよ。

【解答】　符号多項式 $W(x) = w_{n-1}x^{n-1} + \cdots + w_1 x + w_0$ が生成多項式 $G(x) = x + 1$ を因数にもつことを示せばよい。偶数パリティ検査符号の符号語に含まれる 1 の個数は偶数個であるから，$W(x)$ に 1 を代入すると

$$W(1) = w_{n-1} + \cdots + w_1 + w_0 = 0$$

となる。$W(1) = 0$ を満たすことは因数定理より $W(x)$ が $(x-1)$ を因数にもつことが示され，2 を法とする演算においては $(x+1)$ が因数となる。なお，$W(1) = 0$ の式は式 (7.6) で示したパリティ検査方程式と一致することがわかる。　◇

7.5　多項式とベクトル

　ここでは，まず2元系列をベクトル表現した場合，および2元系列を多項式表現した場合の演算結果の対応を調べてみよう。つぎに，生成多項式の解を定義して，この解を用いることによりシンドロームの計算も容易になり，また，巡回ハミング符号の表現が容易になることを確かめる。

　〔1〕　ベクトル表現と多項式表現の対応　　長さ m の二つの2元系列を m 次元のベクトル表現 $a = (a_{m-1}, \cdots, a_1, a_0)$, $b = (b_{m-1}, \cdots, b_1, b_0)$, および $m-1$ 次以下の二つの多項式表現 $A(x) = a_{m-1}x^{m-1} + \cdots + a_1x + a_0$, $B(x) = b_{m-1}x^{m-1} + \cdots + b_1x + b_0$ において，それぞれの演算結果の対応を考えてみよう。まず，多項式の加算は前節で示したように

$$A(x) + B(x) = (a_{m-1} + b_{m-1})x^{m-1} + \cdots + (a_1 + b_1)x + (a_0 + b_0)$$

となり，これをベクトル表現とすれば

$$a + b = (a_{m-1} + b_{m-1}, \cdots, a_1 + b_1, a_0 + b_0)$$

で表されるベクトル和となる。また，2を法とする演算であるから加算と減算は同じである。

　つぎに積の演算を考えてみよう。簡単のため，長さが2の二つの2元系列の演算を行う。長さが2であればベクトル表現すると2次元のベクトルとなり，多項式表現すると1次以下の多項式で表すことができる。二つのベクトル $a = (0,1)$, $b = (0,1)$ を多項式で表すと，$A(x) = 1$, $B(x) = 1$ となり，$A(x)$ と $B(x)$ の積は1であるからベクトルで表すと $(0,1)$ となる。

　つぎに，二つのベクトル $a = (0,1)$, $b = (1,0)$ の積は，多項式表現してから計算すると x となるから $(1,0)$ となる。

　さらに，二つのベクトル $a = (1,0)$, $b = (1,0)$ の積を考えてみよう。多項式表現してから計算すると x^2 となる。これをベクトル表現すると $(1,0,0)$ とな

るから3次元のベクトルとなってしまう。

そこで、演算結果を同じ次元のベクトルとするためには、多項式表現してから積を求め、それを m 次の既約多項式 $G(x)$ で除した余りを演算結果として定義する。このようにすることで、2元系列をベクトル表現した結果、および多項式表現した結果を対応させることができる。

例えば、2次の既約多項式は $G(x) = x^2 + x + 1$ であるから、これで除した余りを集合とする演算を考える。まず、$x \times x$ の演算結果は x^2 を $G(x)$ で除した余りとすると

$$x^2 \bmod G(x) = x + 1$$

となり、二つのベクトル $(1,0)$, $(1,0)$ の積の演算結果は $(1,1)$ である。

同様に、ベクトル $(1,0)$, $(1,1)$ の積は $x(x+1) = x^2 + x$ となり、ベクトル $(1,1)$, $(1,1)$ の積は $(x+1)(x+1) = x^2 + 1$ となるから

$$(x^2 + x) \bmod G(x) = 1, \qquad (x^2 + 1) \bmod G(x) = x$$

となり、それぞれの演算結果は $(0,1)$ および $(1,0)$ となる。次数 $m = 2$ における $\bmod G(x)$ の計算を**表 7.4** に示す。

表 7.4 $\bmod G(x)$ の計算（$m = 2$）

$x^2+x+1 \overline{)\,x^2}$ $\dfrac{1}{x^2+x+1}$ $x+1$	$x^2+x+1 \overline{)\,x^2+x}$ $\dfrac{1}{x^2+x+1}$ 1	$x^2+x+1 \overline{)\,x^2+1}$ $\dfrac{1}{x^2+x+1}$ x

〔2〕 **既約多項式の解**　集合の要素を実数とした場合、$f(x) = x^2 + 1$ という多項式はこれ以上因数分解できず、$f(x) = 0$ を満たす解は存在しないが、実数の要素を複素数に拡張した場合は、虚数 j という数を導入することで $(x+j)(x-j)$ というように因数分解ができ、$f(x) = 0$ を満たす解 $\pm j$ が存在する。

ここで述べる既約多項式 $G(x)$ は、係数の集合が $\{0,1\}$ の二つのみとしたときは、これ以上因数分解できない。そこで、集合の要素の数を増やして、この拡張した集合に含まれるある一つの要素 α という数を考える。

　もし，$G(x)$ が $x + \alpha$ という因数をもつとすれば（2 元演算なので $(x + \alpha)$ は $(x - \alpha)$ と同じ），$G(\alpha) = 0$ が成り立つことになるので，α は $G(x) = 0$ の解ということになる。

　まず，$m = 2$ の既約多項式 $G(x) = x^2 + x + 1$ について調べてみよう。$G(x) = 0$ が α という解をもつとすれば $G(\alpha) = 0$ となるから

$$\alpha^2 + \alpha + 1 = 0$$

が成り立つ。ここで，加算と減算が同じであることにより α^2 の値は

$$\alpha^2 = \alpha + 1$$

となる。また，α^3 を計算すると

$$\alpha^3 = \alpha \alpha^2 = \alpha(\alpha + 1) = \alpha^2 + \alpha = \alpha + 1 + \alpha = 1$$

となる。同様に，$\alpha^4 = \alpha^3 \alpha = \alpha$, $\alpha^5 = \alpha^2$, $\alpha^6 = 1$ が得られる。つまり，$G(x)$ の解 α を用いたすべての乗算結果は α と 1 だけで表現できることになる。

　除算を行う場合は逆数を求めてから乗じればよい。α の逆数 α^{-1} は

$$\alpha^{-1} = 1 \cdot \alpha^{-1} = \alpha^3 \alpha^{-1} = \alpha^2 = \alpha + 1$$

のように求められる（ただし，0 には逆数が存在しない）。同様に，$\alpha^{-2} = \alpha^3 \alpha^{-2} = \alpha$, $\alpha^{-3} = 1$ である。つまり，解 α を用いることによって，解を用いた乗除算結果はすべて α と 1 の二つの和で表すことができる。この場合の要素は 0 も含めると

$$0, \quad 1, \quad \alpha, \quad \alpha + 1$$

の四つであり，集合内の要素の乗除算の結果はすべてこの集合内に含まれる。

　つぎに加減算について調べてみよう。例えば，α と α^2 の加算結果は

$$\alpha + \alpha^2 = \alpha + \alpha + 1 = 1$$

のように演算結果が四つの要素で構成される集合内に含まれていることがわかる。$G(x) = x^2 + x + 1$ として $G(x) = 0$ の解を α とした場合の演算表を**表 7.5**に示す。

　つまり，m 次の多項式の解 α を用いると，要素数が 2^m 個の有限個の要素からなる集合を構成することができ，この集合内の任意の二つの要素の四則演算

表 7.5 $G(x) = x^2 + x + 1$ の解を集合要素
とした場合の演算

+	0	1	α	α^2
0	0	1	α	α^2
1	1	0	α^2	α
α	α	α^2	0	1
α^2	α^2	α	1	0

加算（減算）

·	0	1	α	α^2
0	0	0	0	0
1	0	1	α	α^2
α	0	α	α^2	1
α^2	0	α^2	1	α

乗 算

x	x^{-1}
0	
1	1
α	α^2
α^2	α

逆 数

の結果も同じ集合内に含まれる[†]。べき乗 α^i（i は整数）で表した要素はベクトル表現および多項式表現することができる。これを以下に示す。

べき乗		$(\alpha, 1)$	多項式表現
0	=	(0,0)	0
1	=	(0,1)	1
α	=	(1,0)	α
α^2	=	(1,1)	$\alpha + 1$

0以外の集合要素をべき乗 α^i で表すと $\{0, 1(=\alpha^0), \alpha, \alpha^2\}$ となっており，$\alpha^3 = 1$ より指数部分 i が3ごとに値が一致するから，周期3の集合と呼ばれる。

集合要素 α^i, α^j の四則演算は，乗算と除算はべき乗の指数法則を用いて行い，加算（減算も同じ）はベクトル表現，もしくは多項式表現で行うことができる。

ここで，α が実際に $G(x) = 0$ の解になっているかどうかを調べてみよう。α を $G(x) = x^2 + x + 1$ に代入すると

$$\alpha^2 + \alpha + 1 \equiv (1,1) + (1,0) + (0,1) = (0,0) \equiv 0$$

となっているので，確かに $G(\alpha) = 0$ が成り立つ。ただし，$\equiv$ は等価であることを意味する。したがって，$G(x)$ は $(x + \alpha)$ という因数をもつ。同様に α^2 を $G(x)$ に代入すると

$$\alpha^4 + \alpha^2 + 1 = \alpha + \alpha^2 + 1 = 0$$

であるから，α^2 も $G(x)$ の解となる。したがって，$G(x)$ はつぎのように因数分解ができる。

[†] 代数学では，このような集合を有限体と呼ぶ。

$$G(x) = (x + \alpha)(x + \alpha^2)$$

例題 7.10 $G(x)$ が上式のように因数分解できることを確認せよ。

【解答】   上式を展開すればよい。
$$G(x) = x^2 + (\alpha + \alpha^2)x + \alpha^3 = x^2 + x + 1$$
ここで, $\alpha + \alpha^2 \equiv (1,0) + (1,1) = (0,1) \equiv 1$ を用いた。   ◇

つぎに, $m = 3$ として 3 次の既約多項式 $G(x) = x^3 + x + 1$ が α という解をもつとしよう。$G(\alpha) = 0$ となるから $\alpha^3 + \alpha + 1 = 0$ より

$$\alpha^3 = \alpha + 1$$

となる。同様に $\alpha^4, \alpha^5, \cdots$ を計算すると

$$\alpha^4 = \alpha\alpha^3 = \alpha(\alpha + 1) = \alpha^2 + \alpha$$
$$\alpha^5 = \alpha\alpha^4 = \alpha^3 + \alpha^2 = \alpha + 1 + \alpha^2 = \alpha^2 + \alpha + 1$$
$$\alpha^6 = \alpha\alpha^5 = \alpha^3 + \alpha^2 + \alpha = \alpha + 1 + \alpha^2 + \alpha = \alpha^2 + 1$$
$$\alpha^7 = \alpha\alpha^6 = \alpha^3 + \alpha = \alpha + 1 + \alpha = 1$$

が得られる。同様に, $\alpha^8 = \alpha$, $\alpha^9 = \alpha^2, \cdots, \alpha^{14} = 1$ であるから周期 7 の集合となる。一方, α の逆数 α^{-1} は

$$\alpha^{-1} = 1 \cdot \alpha^{-1} = \alpha^7 \alpha^{-1} = \alpha^6 = \alpha^2 + 1$$

となり, 同様にして, $\alpha^{-2} = \alpha^5 = \alpha^2 + \alpha + 1$, $\alpha^{-3} = \alpha^4 = \alpha^2 + \alpha, \cdots, \alpha^{-6} = \alpha$ となる。つまり, 3 次の既約多項式 $G(x)$ の解 α を用いた集合の要素は, α^2, α, 1 の三つの和だけで表すことができる。$m = 2$ の場合と同様に, 0 以外をべき乗で表した集合要素は $\{0, 1, \alpha, \alpha^2, \cdots, \alpha^6\}$ となる。これをベクトル表現, および多項式表現で表すと, つぎに示すように要素数 $2^3 = 8$ 〔個〕の集合となる。また, これらの四則演算を**表 7.6** に示す。集合内の要素の四則演算の結果は同じ集合に含まれることがわかる。

表 7.6　$G(x) = x^3 + x + 1$ の解を集合要素とした場合の演算

+	0	1	α	α^2	α^3	α^4	α^5	α^6
0	0	1	α	α^2	α^3	α^4	α^5	α^6
1	1	0	α^3	α^6	α	α^5	α^4	α^2
α	α	α^3	0	α^4	1	α^2	α^6	α^5
α^2	α^2	α^6	α^4	0	α^5	α	α^3	1
α^3	α^3	α	1	α^5	0	α^6	α^2	α^4
α^4	α^4	α^5	α^2	α	α^6	0	1	α^3
α^5	α^5	α^4	α^6	α^3	α^2	1	0	α
α^6	α^6	α^2	α^5	1	α^4	α^3	α	0

加算（減算）

·	0	1	α	α^2	α^3	α^4	α^5	α^6
0	0	0	0	0	0	0	0	0
1	0	1	α	α^2	α^3	α^4	α^5	α^6
α	0	α	α^2	α^3	α^4	α^5	α^6	1
α^2	0	α^2	α^3	α^4	α^5	α^6	1	α
α^3	0	α^3	α^4	α^5	α^6	1	α	α^2
α^4	0	α^4	α^5	α^6	1	α	α^2	α^3
α^5	0	α^5	α^6	1	α	α^2	α^3	α^4
α^6	0	α^6	1	α	α^2	α^3	α^4	α^5

乗　算

x	x^{-1}
0	
1	1
α	α^6
α^2	α^5
α^3	α^4
α^4	α^3
α^5	α^2
α^6	α

逆　数

べき乗		$(\alpha^2, \alpha, 1)$	多項式表現
0	$=$	$(0,0,0)$	0
1	$=$	$(0,0,1)$	1
α	$=$	$(0,1,0)$	α
α^2	$=$	$(1,0,0)$	α^2
α^3	$=$	$(0,1,1)$	$\alpha + 1$
α^4	$=$	$(1,1,0)$	$\alpha^2 + \alpha$
α^5	$=$	$(1,1,1)$	$\alpha^2 + \alpha + 1$
α^6	$=$	$(1,0,1)$	$\alpha^2 + 1$

この α を $G(x) = x^3 + x + 1$ に代入すると

$$G(\alpha) = \alpha^3 + \alpha + 1 \equiv (0,1,1) + (0,1,0) + (0,0,1) = (0,0,0) \equiv 0$$

より $G(\alpha) = 0$ となっており，確かに α が解となっている。したがって，$G(x)$ は $(x + \alpha)$ という因数をもつことになる。このほかの解は集合要素を代入して調べていくと $G(\alpha^2) = 0$, $G(\alpha^4) = 0$ が成り立つので，$G(x)$ はつぎのように因数分解ができる。

$$G(x) = (x + \alpha)(x + \alpha^2)(x + \alpha^4)$$

例題 7.11　$G(x)$ が上式のように因数分解できることを確認せよ。

【解答】 上式を展開すればよい。

$$G(x) = x^3 + (\alpha^4 + \alpha^2 + \alpha) + (\alpha^6 + \alpha^5 + \alpha^3) + \alpha^7$$
$$\equiv x^3 + \{(1,1,0) + (1,0,0) + (0,1,0)\}x^2$$
$$+ \{(1,0,1) + (1,1,1) + (0,1,1)\}x + 1 \equiv x^3 + x + 1 \qquad \diamondsuit$$

〔**3**〕 **巡回ハミング符号のシンドロームの計算**   巡回ハミング符号とは定義 7.2 を満たす巡回符号であり，その生成多項式の例が**表 7.2** で与えられる。ここでは巡回ハミング符号に対するシンドローム定めて，これを用いて誤り位置を求める方法について述べる。生成多項式 $G(x)$ の解を α とすると $G(\alpha) = 0$ である。巡回符号の符号語を多項式表現した符号多項式は $G(x)$ の倍多項式になっていることは前節で説明した。したがって，任意の符号多項式 $W(x)$ に α を代入すると，式 (7.28) より

$$W(\alpha) = B(\alpha)G(\alpha) = 0 \qquad (7.29)$$

となる。したがって，受け取った受信多項式 $Y(x)$ に α を代入して $Y(\alpha) = 0$ となれば誤りなしと判定し，$Y(\alpha)$ が 0 にならなければ誤りありと判定することができる。誤りベクトル $e = (e_{n-1}, \cdots, e_1, e_0)$ を多項式表現した誤り多項式を $E(x) = e_{n-1}x^{n-1} + \cdots + e_1 x + e_0$ とすると，式 (7.17) に対応する式は

$$Y(x) = W(x) + E(x) \qquad (7.30)$$

となる。したがって，$W(\alpha) = 0$ であるから

$$Y(\alpha) = W(\alpha) + E(\alpha) = E(\alpha) \qquad (7.31)$$

が成り立つ。つまり，誤り多項式 $E(x)$ に α を代入した式となるので

$$E(\alpha) = e_{n-1}\alpha^{n-1} + \cdots + e_1\alpha + e_0$$

となることがわかる。一つの誤りが $i \ (0 \leqq i \leqq n-1)$ の位置に生じたとすれば，$e_i = 1$ であるから $E(\alpha) = \alpha^i$ となるので，指数の位置に誤りがあると判定できる。この値は式 (7.31) より，受信多項式に α を代入すれば得ることができ，これを式 (7.14) に対応する値として，巡回ハミング符号に対しては

$$s = Y(\alpha) = \alpha^i \qquad (7.32)$$

をシンドロームと定める。このシンドロームは $s = E(\alpha)$ となるから，式 (7.18) と同様に符号多項式には依存せず，誤り多項式のみで決まることがわかる。

例題 7.12　生成多項式 $G(x) = x^3 + x + 1$ である $m = 3$, $n = 7$, $k = 4$ の巡回ハミング符号で符号化された符号語を送信して，その受信多項式を $Y(x) = x^6 + x + 1$ とする（$\boldsymbol{y} = (1000011)$）。単一誤りが生じた可能性を仮定して，誤りがあれば訂正して送信された符号多項式 $W(x)$ を求めよ。

【解答】　式 (7.32) より $Y(x)$ に α を代入すると，$\alpha^6 + \alpha + 1 \equiv (1,0,1) + (0,1,0) + (0,0,1) = (1,1,0) \equiv \alpha^4$ となるから $i = 4$ の位置に誤りが生じている。この位置を反転して訂正すると $W(x) = x^6 + x^4 + x + 1$ が得られる（$\boldsymbol{w} = (1010011)$）。　◇

〔4〕　**巡回ハミング符号の検査行列**　　巡回ハミング符号のシンドロームは式 (7.32) で表すことができた。この巡回ハミング符号も線形符号であるから，式 (7.13) のようなパリティ検査方程式を定義することができる。では，巡回ハミング符号の検査行列がどのように表されるかを調べてみよう。検査行列を用いて表した場合，シンドロームは式 (7.14) で表されるから，これが式 (7.32) と一致するように検査行列をつぎのように定める。

$$\boldsymbol{H} = (\alpha^{n-1} \ \alpha^{n-2} \ \cdots \alpha^2 \ \alpha \ 1) \qquad (7.33)$$

ここで，式 (7.18) における誤りベクトル $\boldsymbol{e}$ の添え字を逆順にして式 (7.33) の検査行列を適用してシンドロームを求めると

$$s = \boldsymbol{e}\boldsymbol{H}^T = (e_{n-1}, \cdots, e_1, e_0) \begin{pmatrix} \alpha^{n-1} \\ \vdots \\ \alpha \\ 1 \end{pmatrix}$$

$$= e_{n-1}\alpha^{n-1} + \cdots + e_1\alpha + e_0 = E(\alpha) \qquad (7.34)$$

となるから，式 (7.32) と一致する。また，符号語を $\boldsymbol{w}$ とすれば，式 (7.13) に

対応するパリティ検査方程式として

$$\boldsymbol{w}\boldsymbol{H}^T = (w_{n-1}, \cdots, w_1, w_0) \begin{pmatrix} \alpha^{n-1} \\ \vdots \\ \alpha \\ 1 \end{pmatrix}$$

$$= w_{n-1}\alpha^{n-1} + \cdots + w_1\alpha + w_0 = W(\alpha) = 0 \tag{7.35}$$

となり，式 (7.14)，および式 (7.29) に一致することがわかる。したがって，巡回ハミング符号の検査行列は，生成多項式 $G(x)$ の解 α を用いると式 (7.33) のように非常に簡単に表すことができる。

例 7.4 $m = 2, n = 3$ の巡回ハミング符号の例を表す。これは，$G(x) = x^2 + x + 1$ の解を α として，これを用いて検査行列を表現すると

$$\boldsymbol{H} = (\alpha^2 \, \alpha \, 1) = \begin{pmatrix} 1 & 1 & 0 \\ 1 & 0 & 1 \end{pmatrix}$$

となる。例 7.1 で述べたハミング符号と比べると，符号語がこの例とは逆順となっているので，上の検査行列の列を逆に並べれば例 7.1 の検査行列と一致する。この例より，3 回繰返し符号は $G(x) = x^2 + x + 1$ を生成行列とする巡回符号であることが確認できる。生成行列は例 7.1 と一致する。

例 7.5 $m = 3, n = 7$ の巡回ハミング符号の例を表す。これは，$G(x) = x^3 + x + 1$ の解を α として，これを用いて検査行列を表現すると

$$\boldsymbol{H} = (\alpha^6 \, \alpha^5 \, \alpha^4 \, \alpha^3 \, \alpha^2 \, \alpha \, 1) = \begin{pmatrix} 1 & 1 & 1 & 0 & 1 & 0 & 0 \\ 0 & 1 & 1 & 1 & 0 & 1 & 0 \\ 1 & 1 & 0 & 1 & 0 & 0 & 1 \end{pmatrix}$$

となる。例 7.2 と同様に，検査行列が 3 ビットで表される 2 元系列のうち，

000 を除いた 7 個を列として並べた形で構成されていることがわかる。な
お，生成行列は例 7.2 と同様の手順で求めるとつぎのようになる。

$$
G = \begin{pmatrix}
1 & 0 & 0 & 0 & 1 & 0 & 1 \\
0 & 1 & 0 & 0 & 1 & 1 & 1 \\
0 & 0 & 1 & 0 & 1 & 1 & 0 \\
0 & 0 & 0 & 1 & 0 & 1 & 1
\end{pmatrix}
$$

7.6 畳込み符号と最ゆう復号

〔1〕 畳込み符号　　これまで述べた符号は，情報ブロックに対して符号語
を割り当てるブロック符号であり，情報ブロックと符号語が 1 対 1 に対応する。

　誤り訂正符号には，ブロック符号のほかに実用上重要な符号として**畳込み符
号**（convolutional code）がある。畳込み符号は，符号器に入力された時点の
情報ブロックだけなく，それ以前の情報ブロックも利用して符号語が作られる。

　すでに入力された情報を用いて符号語を作るのであるから，符号器はメモリ
（遅延素子）を有する。符号語を作るために M 時点前までの情報ブロックを利
用するとすれば，入力された時点の情報ブロックと合わせて $M+1$〔個〕の情
報ブロックを必要とする。つまり，符号語が $M+1$〔個〕の情報ブロックの拘
束を受けているので，この値 $M+1$ は拘束長と呼ばれる。

　ここで，最も簡単な例として拘束長 2 の畳込み符号の符号器を**図 7.6** に示す。
この図において，$\oplus$ は排他的論理和（EX-OR）を
表し，拘束長が 2 であるから遅延素子は一つであ
る。ただし，ここでは入力される情報ブロックの
記号数は一つなので，情報ブロックを情報記号と
呼ぶことにする。

図 7.6　拘束長 2 の
畳込み符号器

　この符号器は一つの情報記号に対して長さ 2 の符号語を出力するので，符号
化率は 1/2 である。また，一つの遅延素子を有するので，符号語は一つ前の時

点の情報にも依存するので入力された時点の情報記号と符号語は 1 対 1 に対応しない。時点 t において入力された情報記号を u_t と表す。

このとき，出力される符号語を $\boldsymbol{w}_t$ と表し，生成行列を $\boldsymbol{G} = (1, 1 + D)$ のように定義すると，式 (7.11) と同様に次式で表すことができる。

$$\boldsymbol{w}_t = u_t(1, 1 + D) \tag{7.36}$$

ここで，符号語は $\boldsymbol{w}_t = (w_{1,t}, w_{2,t})$ であり，D は 1 時点の遅延を示している。つまり，$Du_t = u_{t-1}$ である。また，D には初期値として 0 を事前に入力する。

例として情報記号系列 $(0, 1, 1, 0, 0, 1)$ を入力した場合を考えると**図 7.7** に示すように，符号語系列として $(00, 11, 10, 01, 00, 11)$ が出力されることがわかる。

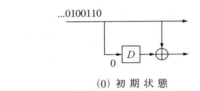

(0) 初 期 状 態

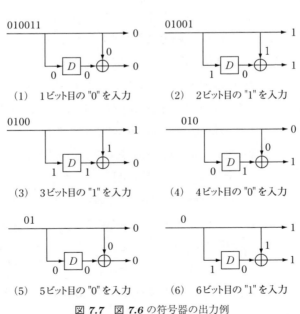

図 7.7 **図 7.6** の符号器の出力例

〔**2**〕　**最ゆう復号法**　　受信記号 $Y = v_j\,(1 \leqq j \leqq r)$ を受け取ったもとで
の送信した記号 $X = u_i\,(1 \leqq i \leqq s)$ に対する確率 $P(X = u_i|Y = v_j)$，すな
わち事後確率が最大となる記号に判定する復号を最大事後確率復号といい，受
信側での復号誤り率が最小となる復号法である。また，条件を入れ替えた確率
$P(Y = v_j|X = u_i)$ に相当する値を**ゆう度**（likelihood）といい，これを用い
ると事後確率はベイズの定理より

$$P(X = u_i|Y = v_j) = \frac{P(X = u_i)P(Y = v_j|X = u_i)}{\displaystyle\sum_{i=1}^{s} P(X = u_i)P(Y = v_j|X = u_i)} \tag{7.37}$$

で表される。ここで，送信記号の生起確率がすべて等しいとすれば，$P(X = u_i) = 1/s$ となり，これを上式に代入すると

$$\sum_{i=1}^{s} P(X = u_i, v_j) = P(Y = v_j)$$

であるから

$$P(X = u_i|Y = v_j) = \frac{P(Y = v_j|X = u_i)}{sP(Y = v_j)} \tag{7.38}$$

となる。式 (7.38) の分母は送信される記号 u_i の生起確率に無関係であること
を示している。したがって，事後確率 $P(X = u_i|Y = v_j)$ を最大にすることは，
ゆう度 $P(Y = v_j|X = u_i)$ を最大にすることと等価である。ゆう度を最大にす
る復号を**最ゆう復号**（maximum likelihood decoding）という。

　受信記号の確率変数を一定にして，$P(Y = v_j|X = u_i)$ を送信記号の確率変
数 X の関数としたとき，$P(Y = v_j|X = u_i)$ は**ゆう度関数**と呼ばれる[5]。

　なお，送信記号の生起確率がすべて等しいときは，最ゆう復号は最大事後確
率復号と等価であるから，復号誤り率が最小となる復号法となる。ブロック符
号に最ゆう復号法を適用することは一般に容易ではないが，ここからは畳込み
符号には容易に適用できるので，最ゆう復号を実現する復号法の概要を述べる。

〔**3**〕　**ハミング距離を用いる最ゆう復号法**　　最ゆう復号を行うためには，ゆ
う度関数を定義する必要がある。まず，通信路が**図 6.4** で示される BSC である

場合は，ゆう度関数がハミング距離と対応することを示す。BSC を通して長さ n の符号語 X を送信し，受信語 Y に誤りが l 個ある場合のゆう度 $P(Y|X)$ は

$$p^l(1-p)^{n-l} = \exp\{l \log p + (n-l) \log(1-p)\} = \exp(A - Kl)$$

で与えられる。ここで，p は反転確率で，$p < 0.5$ なら A, K は正の定数となる。

つまり，l は X と Y のハミング距離を表すから，ハミング距離が最小であるということは，$P(Y|X)$ が最大ということと等価である。

例えば，長さ 6 ビットの受信語系列 001000 を受け取ったときに，送信したと推定される符号語系列の候補が 000000 と 111001 の二つがあったとしよう。このときハミング距離を比較してみると，受信語系列を受け取ったもとでは，前者のほうが受信語系列とのハミング距離が小さいからゆう度が高くなり，000000 が送信されたと判定するのが妥当であろう。

ハミング距離を用いれば，復号操作における計算がより簡単になるので，つぎに，このハミング距離をゆう度とする最ゆう復号法の一例について述べる。

〔**4**〕　**ビタビ復号法の概要**　　ここでは，図 **7.6** の符号器によって作られた符号語系列の復号を例にとり，畳込み符号の最ゆう復号を実現する**ビタビ復号法**（Viterbi decoding）について説明する[7]。符号器の遅延素子に蓄積されている記号，つまり，1 時点前に入力された情報記号が 0 のときの状態が S_0, 1 のときの状態が S_1 とすると，図 **7.8** のように状態数が 2 となるシャノン線図で表せる。遷移するときの線に割り当てられている記号は，時点 t において出力される符号語と入力された情報記号を $w_{1,t}w_{2,t}(u_t)$ として表記している。

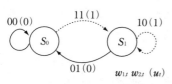

図 7.8　図 **7.6** の符号器の
シャノン線図

では，この状態に時間の要素を加えて，$S_{0,t}$, $S_{1,t}$ とする。例えば，$S_{0,2}$ は時点 $t = 2$ の状態が S_0 であることを示す。初期状態 $t = 0$ を左端として，時間 t の経過に対する状態遷移の様子を図 **7.9** に示す。状態間をつなぐ線を枝と呼ぶ。

実線および破線はそれぞれ情報記号が 0 および 1 に対する枝を示す。この矢印付きの枝に割り当てられた記号は，符号器の状態が遷移するときに出力される

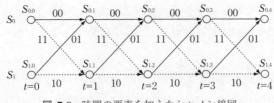

図 7.9　時間の要素を加えたシャノン線図

符号語を表す。また，この枝を重ねてできる道をパスと呼ぶ。畳込み符号の任意の符号語系列に対応するパスが 1 本存在する。例えば，図 7.6 の符号器の最初の状態を $S_{0,0}$ として，符号器に 0 を 4 ビット入力して符号語系列 00000000 が出力されたとしよう。図 7.9 において，この符号語系列に対応するパスは $S_{0,0} \to S_{0,1} \to S_{0,2} \to S_{0,3} \to S_{0,4}$ となることがわかる。

　以下，ビタビ復号法の復号操作を示す。ゆう度となるのは累積ハミング距離である。

　各状態において，その状態につながる枝に割り当てられた符号語と受信語のハミング距離を計算して，その累積値を記録する。ビタビ復号の基本操作は，加算，比較および選択の各演算を繰り返すことである。一連の操作をつぎに示す。

加算　各状態において，その状態につながる枝につけられた符号語と受信語のハミング距離を求め，一つ前の時点における累積ハミング距離に加える。

比較　累積ハミング距離の大小比較を行う。

選択　比較した結果，累積ハミング距離の小さいほうのパスはゆう度が高いパスとして残し，選択されなかったパスは切り捨てる。

ここで，比較のときに累積ハミング距離が同じ値となったときは，どちらのパスもゆう度が等しいから，いずれを選んでも受信側で誤る確率は同じとなる。

　これらの操作を繰り返すことで，各状態に 1 本ずつパスが残ることになる。復号結果は，選択された（生き残った）パスに付けられている符号語系列を出力したものである。生き残ったパスは状態の数だけ存在する。しかし，最後に

は復号結果を一つだけに判定する必要があるから，情報系列の最後に一つの 0 を加えておき，受信側で最後は状態は S_0 で終結するようにあらかじめ決めておく。

つぎに，具体的な復号操作の例を示す。図 **7.7** による符号語系列を送ったとしよう。情報記号系列の最後に 0 を付け加えておくので，情報記号は $(0, 1, 1, 0, 0, 1, 0)$ となり，符号語系列として $(00, 11, 10, 01, 00, 11, 01)$ が送信されたと仮定する。

この符号語系列の 4, 7, 11 番目のビットに誤りが生じて $(00, 10, 10, 11, 00, 01, 01)$ が受信されたとする。この受信語系列をビタビ復号法で復号してみよう。ここで，時点 t における状態 S_i の累積ハミング距離を $m(i, t)$ で表すことにする。一連の操作を図 **7.10** に示す。

この図を用いて復号過程を述べる。まず，初期状態は S_0，累積ハミング距離を $m(0, 0) = 0$ とする。そして，図 (1) のように受信語 00 を得たとき，$S_0 \rightarrow S_0$ の符号語 00 とのハミング距離を 0 であるから，$m(0, 0)$ と 0 を加えて，この時点における S_0 のハミング距離を $m(0, 1) = 0$ とする。また，$S_0 \rightarrow S_1$ の符号語 11 と受信語とのハミング距離は 2 であるので，$m(0, 0)$ と 2 を加えて，この時点における S_1 の累積ハミング距離を $m(1, 1) = 2$ とする。

つぎに，図 (2) のように受信語 10 を得たとき，S_0 において，$m(0, 1)$ と 10 と 00 のハミング距離 1 を加えた値と，$m(1, 1)$ と 10 と 01 のハミング距離 2 を加えた値を比べる。前者のほうが小さいので，$S_0 \rightarrow S_0$ のパスを選択して，$S_1 \rightarrow S_0$ のパスを切り捨てる。そして，この時点の S_0 の累積ハミング距離 $m(0, 2)$ は $m(0, 1) + 1 = 1$ とする。S_1 においても同様の操作を行う。

図 **7.10** の (2) から (7) までに示すように以上の操作を受信語系列の終わりまで繰り返す。なお，ここでは累積ハミング距離が同じになった場合は S_0 につながるパスを選んでいる。生き残ったパスに対応する復号結果を図 **7.11** に示す。これは，図 **7.10** の (1) から (7) までをつないだ図となる。ただし，丸の中の数字は累積ハミング距離である。

この生き残りパスに付けられている符号語系列を出力すれば $(00, 11, 10, 01, 00, 11, 01)$ を得ることができる。これより，$(0, 1, 1, 0, 0, 1, 0)$ が復号結果となる。

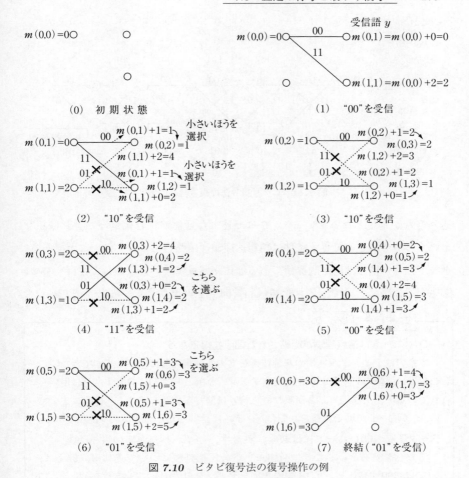

図 **7.10** ビタビ復号法の復号操作の例

この例では受信語系列に三つの誤りが生じても，送信された情報が誤りなく復元できることがわかる。

　拘束長を長くすればするほど復号誤り率を小さくすることができるが，拘束長に対して状態数は指数関数的に増えるので復号操作の計算量が増大する。

　畳込み符号とビタビ復号を組み合わせたシステムは，変復調技術との親和性も高く，非常に優れた通信品質向上性能をもつので，衛星通信などに広く実用化されている。また，移動体通信の分野で広く応用されているターボ符号は畳

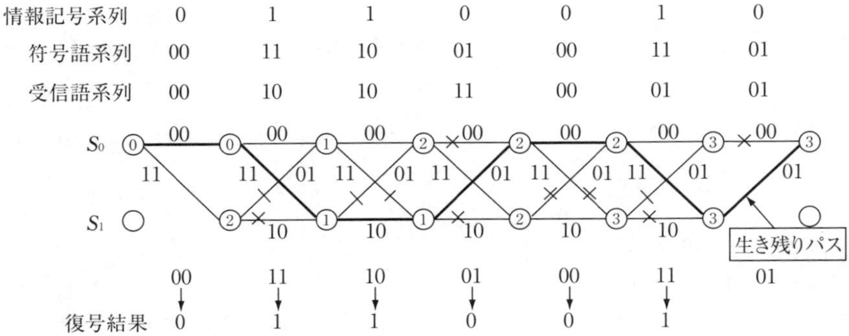

情報記号系列　0　1　1　0　0　1　0
符号語系列　00　11　10　01　00　11　01
受信語系列　00　10　10　11　00　01　01
S0
S1
00
11
01
10
生き残りパス
00　11　10　01　00　11　01
復号結果　0　1　1　0　0　1

図 ***7.11***　ビタビ復号法の復号結果の例

込み符号が基礎となっている[8)]。***6*** 章で述べた通信路符号化定理によれば誤りをいくらでも小さくできる条件は情報速度が通信路容量より小さいことである。ターボ符号は情報速度が限界値である通信路容量に近い符号として注目を集め，劣悪な通信路においても優れた通信品質向上を実現させている。

コーヒーブレイク

QR コードは情報理論が凝縮された国産技術である

本章ではディジタル通信の基盤技術を支える情報理論について述べてきた。ここでは，情報のディジタル化を実感する身近な例として QR コード[23)†]に用いられているデータ圧縮，および誤り訂正符号に関する話題を述べる。QR コードでは，0 が白，1 が黒で記録されており，まさに目に見えるディジタル情報である。

データ圧縮：QR コードには数字，英数字，バイナリ，漢字の 4 種類の符号化モードがある。ここでは数字モードの圧縮処理について述べる。例えば，9784339012170 という 13 個の数字をディジタルデータに符号化する場合，13 文字のアスキーコードを用いると 13 バイト（104 ビット）のデータとなる。この数字列を 3 桁ごとに区切り 978, 433, 901, 217, 0 とし，それぞれを 10 進数の数値として 2 進数に変換すると，3 桁の 10 進数の数値は 10 ビットで表すことができ，1 桁の 10 進数は 4 ビットで表せるから合計 44 ビットとなり，アスキーコードで記録する場合の半分以下のサイズとなる。

本書では情報源の性質を事前に知ることによって効率のよい情報源符号化が行えることを述べた。QR コードの作成の際にも記録データが数字のみである

† QR コードは株式会社デンソーウェーブの登録商標です。

ことが既知であれば簡単な方法でデータ圧縮が実現できる。

誤り訂正符号：QR コードでは BCH 符号および RS 符号と呼ばれる巡回符号が応用されている。この符号は情報ブロックと検査ブロックに分離できる組織符号となっており，これらの割合を変化させることで訂正能力を 4 段階の可変としている。この訂正能力はつぎに示すように目視で確認できる。

　QR コードには左上下，右上の 3 か所に四角いマーク（位置検出パターン）が配置されており，これを検出して上下左右を認識することで全方向からの読み取りを可能としている。この左上の位置検出パターン下の左端 2 ビットが訂正能力を示している。訂正能力は L, M, Q, H と表記され，それぞれおおむね 7%, 15%, 25%, 30%以内のデータ欠損からの復元が可能である。

■■訂正能力L(低)　　■□訂正能力M(中)　　□■訂正能力Q(高)　　□□訂正能力H(最高)

演 習 問 題

【1】 x, y 間の距離 $d(x, y)$ はつぎに示す公理を満たす。
   (1) $d(x, y) = 0$ のとき $x = y$
   (2) $d(x, y) = d(y, x)$
   (3) $d(x, y) + d(y, z) \geqq d(x, z)$　（三角不等式）
ハミング距離がこれらを満たすことを確かめてみよ。

【2】 偶数パリティ検査符号において，二つ以上の誤りが生じた場合に，シンドロームがどのようになるかを調べてみよ。

【3】 $m = 4$, $n = 15$, $k = 11$ のハミング符号を構成したい。単一誤りがあるとき，シンドローム $(s_1, s_2, s_3, s_4)_2$ が誤り位置を表すような検査行列 $\boldsymbol{H}$ を求めよ。

【4】 次数 $m = 3$ の生成多項式 $G(x) = x^3 + x + 1$ で作られる符号長 $n = 7$, 情報記号数 $k = 4$ の巡回符号を考える。符号語 $\boldsymbol{w} = (w_6, \cdots, w_0)$ を送信して，受信語は $\boldsymbol{y} = (y_6, y_5, y_4, y_3, y_2, y_1, y_0)$ とする。受信多項式を $Y(x)$ と表し，

$G(x) = 0$ の解 α を用いてシンドロームは $s = Y(\alpha)$ で与えられるとする。以下の問に答えよ。

(1) y_5 の 1 か所が誤りであるときのシンドロームを求めよ。

(2) y_1 と y_5 の 2 か所が誤りであるときのシンドロームを求めよ。

(3) 前問 (2) では，どの位置が誤ったと判定されるか。

【5】 前問【4】のように，ハミング符号では 1 ビットの誤りはつねに訂正できるが，2 ビットの誤りは誤訂正となってしまう。そこで，ハミング符号と偶数パリティ検査符号を組み合わせる方法を用いて，2 ビットの誤りが生じたときは訂正はできなくても，誤りの検出はできるようにしたい。以下の問に答えよ。

(1) 符号化方法を述べよ。

(2) 復号方法を述べよ。

【6】 $x^3 + x^2 + 1$ は $x^7 + 1$ の因数であることを確認せよ。

【7】 多項式 $G'(x) = x^3 + x^2 + 1$ は $x^7 + 1$ の因数であり，既約多項式となっている。したがって，これを $m = 3$ の生成多項式として $n = 7$, $k = 4$ の巡回符号とすれば，巡回ハミング符号の条件を満たす。この多項式で作られる符号語も巡回ハミング符号となることを確認せよ。

【8】 前問【7】で情報ブロックを 0001 とした場合，$G'(x)$ で構成される巡回ハミング符号においても，一つの誤りに対してその誤り位置がシンドロームにより求まることを確認せよ。

【9】 例 7.2 で示した $n = 7$ のハミング符号を考える。情報ブロック $\{1010, 1000, 0010\}$ に対応する符号語を作り，重ね合わせの理が成り立つことを確認せよ。

付　　　　録

A.1　標 本 化 定 理

（アナログデータの世界からディジタルデータの世界への第一歩）

　標本化定理とは，ある時間 t の関数 $x(t)$ で表される信号に含まれる周波数成分 f が W〔Hz〕より低いとき，$1/(2W)$〔s〕より短い間隔で $x(t)$ の値 $x_1, x_2, x_3, \cdots$ を取り出せば，情報損失なしに，連続的時間の値から離散的時間の値に変換できることを保証するものである。ここで，この定理を証明しよう。

　標本化定理を証明するには，最高周波数 W に帯域制限された信号に対して，次式が成立することを証明すればよい。

$$x(t) = \sum_{n=-\infty}^{\infty} x\left(\frac{n}{2W}\right) S_a\left[2\pi W\left(t - \frac{n}{2W}\right)\right] \qquad (A.1)$$

ここで

$$S_a(t) = \frac{\sin t}{t} \qquad (A.2)$$

S_a は**標本化関数**（sampling function）といわれるもので，**図 *A.1*** で表されるものである。

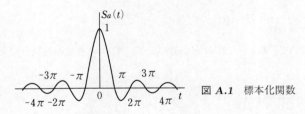

図 *A.1*　標本化関数

　信号の関数 $x(t)$ は最高周波数が W で抑えられているので，関数 $x(t)$ の周波数スペクトル，すなわち $x(t)$ のフーリエ変換 $X(f)$ はこのままではフーリエ級数展開できない。そこで，図 *A.2*(*a*) の $X(f)$ に対して，図 (*b*) のような繰返しスペクトルを仮定する。ただし，一般に，$X(f)$ は複素数であるが，便宜上実数で書いている。この

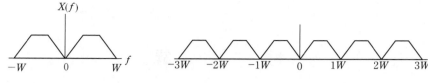

(a)　周波数スペクトル$X(f)$　　　　　　(b)　$X(f)$の繰返しスペクトル

図 **A.2**　周波数スペクトル $X(f)$ とその繰返しスペクトル

仮定をしても，$|f| < W$ に対する $X(f)$ はもとのスペクトル，図 (a) と同じであるので，なんら差し支えない。

　繰返しスペクトルはフーリエ級数展開できて

$$\sum_{n=-\infty}^{\infty} C_n \exp\left(j\frac{2\pi nf}{2W}\right) = \sum_{n=-\infty}^{\infty} C_{-n} \exp\left(-j\frac{2\pi nf}{2W}\right)$$

なので

$$X(f) = \begin{cases} \sum_{n=-\infty}^{\infty} C_{-n} \exp\left(-j\frac{2\pi nf}{2W}\right), & |f| < W \\ 0 & , |f| \geqq W \end{cases} \tag{A.3}$$

ここで

$$C_{-n} = \frac{1}{2W} \int_{-W}^{W} X(f) \exp\left(j\frac{2\pi nf}{2W}\right) df \tag{A.4}$$

この C_{-n} を $x(t)$ で表せたら都合がよい。関数 $x(t)$ は $X(f)$ のフーリエ逆変換で表されるから

$$x(t) = \int_{-W}^{W} X(f) \exp\left(j2\pi ft\right) df \tag{A.5}$$

式 $(A.5)$ において，$t = n/(2W)$ とおけば，式 $(A.4)$ の右辺の被積分項とまったく同じになり

$$C_{-n} = \frac{1}{2W} x\left(\frac{n}{2W}\right) \tag{A.6}$$

したがって，この式と式 $(A.3)$ より

$$X(f) = \frac{1}{2W} \sum_{n=-\infty}^{\infty} x\left(\frac{n}{2W}\right) \exp\left(-j\frac{2\pi nf}{2W}\right), \quad |f| < W \tag{A.7}$$

式 $(A.7)$ の $X(f)$ を式 $(A.5)$ の右辺に代入して

$$x(t) = \frac{1}{2W} \sum_{n=-\infty}^{\infty} x\left(\frac{n}{2W}\right) \int_{-W}^{W} \exp\left\{j2\pi f\left(t - \frac{n}{2W}\right)\right\} df$$

$$= \sum_{n=-\infty}^{\infty} x\left(\frac{n}{2W}\right) S_a\left\{2\pi W\left(t - \frac{n}{2W}\right)\right\} \qquad (A.8)$$

けっきょく，式 (A.1) と等しくなることが証明された。この式を図に示したのが，図 **A.3**である[9]。整数 n に対して，$t = n/(2W)$ のとき，$S_a\{2\pi W(t - n/(2W))\} = 1$ であり，$t \neq n/(2W)$ のとき $S_a\{2\pi W(t - n/(2W))\} = 0$ であるので，$x(t)$ が $1/(2W)$ の間隔の $x(t)$ の値，$x_1, x_2, x_3, \cdots$ で表されることがわかる。

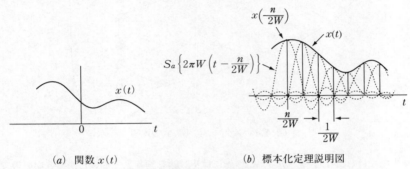

(a) 関数 $x(t)$　　　　　(b) 標本化定理説明図

図 **A.3**　信号の関数 $x(t)$ と標本化定理を表す図[9]

A.2　クラフトの不等式の証明

ここでは，定理 3.4 の式 (3.45) において $q = 2$ の場合について十分性を証明する。$q \geqq 3$ の場合でも同様に示すことができる。

M 個の情報源記号 $a_1, a_2, \cdots, a_M$ に対して，長さ $\tau_1, \tau_2, \cdots,$ としてτ_M の 2 元符号を作るとしよう。ただし，符号語の長さの大小関係は $\tau_1 \leqq \tau_2 \leqq \cdots \leqq \tau_M$ として，a_M に対する符号語の長さが τ_M で最大値であるとする。

符号が等長符号で，すべての符号語が τ_M の長さであるとすれば，符号語は 2^{τ_M} 個作ることができる。図 **A.4** に符号の木を示し，符号語に割り当てられる右端に葉のマークを付ける。

符号が非等長符号である場合は長さが τ_M より短い符号語も存在する。長さが τ_1（$< \tau_M$）である位置に情報源記号 a_1 を符号の木に割り当ててみよう。根から長さ τ_1 の位置に a_1 を割り当てると，瞬時復号可能とするためには情報源記号をすべて葉に

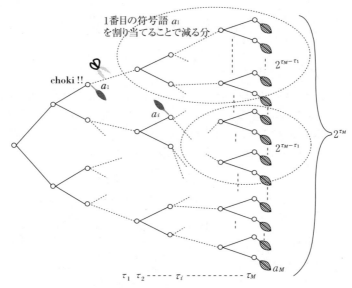

図 A.4　クラフトの不等式の説明

割り当てなければならないから，この先には符号語を割り当てることができないので，ここから先を切り落とす。

　図のように a_1 から葉の方向に向かう枝を切り落とすと，根からの位置 τ_M に付いていた葉が，全部で $2^{\tau_M-\tau_1}$ 枚（図中で破線で囲った部分）だけ失われることになる。

　同様に，τ_M より短い長さの τ_i の位置に情報源記号 $a_2,\cdots,a_i$ を割り当てることによって，それぞれ葉が $2^{\tau_M-\tau_2},\cdots,2^{\tau_M-\tau_i}$ だけ少なくなる。a_1 から a_{M-1} までを符号の木に割り当てれば，τ_M の位置にある葉の数は

$$2^{\tau_M} - \left(2^{\tau_M-\tau_1} + 2^{\tau_M-\tau_2} + \cdots + 2^{\tau_M-\tau_{M-1}}\right) = 2^{\tau_M} - \sum_{i=1}^{M-1} 2^{\tau_M-\tau_i}$$

となる。最大長さ τ_M の符号語が必ず一つ以上存在することを条件とすれば

$$2^{\tau_M} - \sum_{i=1}^{M-1} 2^{\tau_M-\tau_i} \geqq 1 \tag{A.9}$$

を満たさなければならない。この式を 2^{τ_M} で除し，$\sum$ の部分を移項すれば

$$1 \geqq \sum_{i=1}^{M-1} 2^{-\tau_i} + \frac{1}{2^{\tau_M}} = \sum_{i=1}^{M} 2^{-\tau_i} \tag{A.10}$$

となり，定理 *3.4* に示した同じ式 *(3.45)* が得られる。

ここで，式 *(3.45)* の十分性を示そう。いま，式 *(3.45)*，すなわち式 *(A.10)* が成り立つとき，式 *(A.9)* が成り立つ。このとき，最大長さ τ_M の符号語が一つ以上あることになる。けっきょく，すべての符号語が葉になっているので，この符号は瞬時符号である。 ♠

必要性の証明は省略する。

A.3 ハフマン符号が最適となる証明

（ハフマン符号の平均符号長は最短か?）

ここでは，ハフマン符号が最適となることを，*4* 章の例題 *4.2* を用いながら確認する。

ハフマン符号の符号化操作では，生起確率の最も小さい記号と，そのつぎに小さい記号の二つを一つにまとめて新しい情報源記号とすることにより，まとめる前よりも記号の数が一つ少ない縮退情報源を作った。時点 j における縮退情報源を S_j として，S_j の集合に割り当てられる符号語の平均符号長を L_j とする。図 *A.5* に例題 *4.2* で示した情報源を図 *4.2* の符号の木によってハフマン符号に符号化した場合の縮退情報源を示す。S_k 内においては，葉に割り当てられている記号が S_j の要素となる。例えば S_4 における平均符号長 L_4 は，S_4 内の集合が a_1 と b_4 だけであるから，それぞれに 0 と 1 が割り当てられて $L_4 = 1$ となる。

$$L_4 = 0.65 + 0.35 = 1.0$$
$$L_3 = 1.0 + 0.35 + 0.30 = 1.65$$
$$L_2 = 1.65 + 0.20 + 0.15 = 2.0$$
$$L_1 = 2.0 + 0.15 + 0.15 = 2.30$$
$$L = 2.30 + 0.10 + 0.05 = 2.45$$

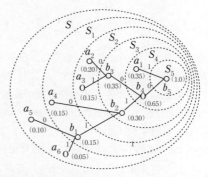

図 *A.5*　図 *4.2* の縮退情報源を説明する図

つぎに S_3 の平均符号長を考えてみよう。S_4 と比べると b_4 から記号 b_2, b_3 に枝分れして，それぞれに 0 と 1 が割り当てられて S_4 より一つだけ記号が多くなる。このとき，b_2 と b_3 は S_3 の中で最も生起確率が小さい記号，およびそのつぎに小さい記

号である。これらの生起確率をそれぞれ $p_0^{(3)}, p_1^{(3)}$ としよう。この二つの確率は S_3 に含まれる記号の生起確率の最小値，およびそのつぎに小さい値であり，**図 A.5** より $P(b_3) = p_0^{(3)}, P(b_2) = p_1^{(3)}$ である。S_3 には三つの記号があるから，式 (3.31) より平均符号長 L_3 を計算すると

$$L_3 = P(a_4)L_4 + P(b_2)(L_4 + 1) + P(b_3)(L_4 + 1)$$
$$= (1 - P(b_2) - P(b_3))L_4 + P(b_2)(L_4 + 1) + P(b_3)(L_4 + 1)$$
$$= L_4 + P(b_3) + P(b_2) = L_4 + p_0^{(3)} + p_1^{(3)}$$

となる。同様に，**図 A.6** より，S_j と S_{j+1} の平均符号長の関係を考えると，L_j の値は S_{j+1} に含まれる記号の中で，生起確率が最も小さい二つの記号に対する符号語の長さが L_{j+1} より 1 だけ長くなるので，数学的帰納法によって

$$L_j = (1 - p_0^{(j)} - p_1^{(j)})L_{j+1} + p_0^{(j)}(L_{j+1} + 1) + p_1^{(j)}(L_{j+1} + 1)$$
$$= L_{j+1} + p_0^{(j)} + p_1^{(j)} \tag{A.11}$$

の関係が成り立つといえる。例題 4.2 でこの関係が成り立つことは**図 A.5** でも確認することができる。

図 **A.6** L_k と L_{k+1} の関係

つぎにハフマン符号が最適になることを示す。これは時点 k における縮退情報源 S_k の平均符号長が最短となれば，S_{k-1} における平均符号長も最短であることを示せば数学的帰納法によって S の平均符号長が最短であることが示される。つまり，k 番目の符号語の割当てが最短であれば，その一つ前の時点の符号の割当ても最短となっていることを証明すればよい。

そのため，「S_k の平均符号長 L_k が最短であるが，S_{k-1} の平均符号長 L_{k-1} は最短ではない」という仮定を立てて話を進めてみよう。この仮定に矛盾があるということが立証されれば，「S_k の平均符号長 L_k が最短であれば，S_{k-1} の平均符号長 L_{k-1} も最短となる」ということを示すことができる[†]。

では，「L_k は最短であるが，L_{k-1} は最短ではない」という仮定をしよう。式 (A.11) より

---

† このような証明法を背理法という。

$$L_k = L_{k-1} + p_0^{(k-1)} + p_1^{(k-1)} \tag{A.12}$$

が成り立つ。ここで，L_k の最小値を $\hat{L}_k$ と表す。これを用いると仮定は「$L_k = \hat{L}_k$ であるが，$L_{k-1} > \hat{L}_{k-1}$ である」と表される。つまり，L_{k-1} は最短でないと仮定しているから，この値よりも小さい最小値 $\hat{L}_{k-1}$ が存在するということである。この仮定が正しいとすれば，$L_k = \hat{L}_k$，$L_{k-1} > \hat{L}_{k-1}$ であるから次式が成り立つ。

$$\begin{aligned} L_k &= L_{k-1} - p_0^{(k-1)} - p_1^{(k-1)} \\ &> \hat{L}_{k-1} - p_0^{(k-1)} - p_1^{(k-1)} = \hat{L}_k \end{aligned} \tag{A.13}$$

上式は $L_{k-1} > \hat{L}_{k-1}$ なら，L_k よりも小さい値 $\hat{L}_k$ が存在することを示す。すなわち，$L_k > \hat{L}_k$ となるので，これでは最初に $L_k = \hat{L}_k$ と仮定したことに矛盾が生じる。したがって，「L_k は最短であるが，L_{k-1} は最短でない」という仮定は不合理であるから，「L_k が最短であれば，L_{k-1} も最短である」ということが成り立っていなければならない。

　つまり，k 番目の節点でまとめた符号語の集合が最短符号となっているなら，その一つ前にまとめた節点 $k-1$ 番目における符号語の集合も最短符号になっているということである。　　　　　　　　　　　　　　　　　　　　　　　　　　♠

引用・参考文献

1) エドガー・アラン・ポー 著, 谷崎精二 訳：ポオ小説全集〈1〉推理小説, pp.5-52, 春秋社 (1998)

2) C. E. Shannon：A Mathematical Theory of Communication, Bell System Tech., J. **27**, pp.379-423, pp.623-656 (1948)

3) 宮川　洋：情報理論, p.40, コロナ社 (1979)

4) 宮川　洋：情報理論, p.80, コロナ社 (1979)

5) 宮川　洋：情報理論, pp.195-197, コロナ社 (1979)

6) J. Ziv and A. Lempel：A Universal Algorithm for Sequential Data Compression, IEEE Trans. Inform. Theory, **IT-23**, 3, pp.337-343 (1977)

7) A. J. Viterbi：Convolutional codes and their performance in communication systems, IEEE Trans. Commun., **COM-19**, 5, pp.751-772 (1971)

8) 山口和彦, 今井秀樹：シャノン限界に迫る新しい符号化方式「ターボ符号」, 日経エレクトロニクス, 1998.7.13 (No.721)

9) 滑川敏彦, 奥井重彦：通信方式, p.137, 森北出版 (1990)

10) 上田　稔, 岡田泰榮, 芳谷大和：確率と統計, 大日本図書 (1980)

11) 磯道義典：情報理論, コロナ社 (1980)

12) 小沢一雅：情報理論の基礎, 国民科学社 (1980)

13) P. Z. Peebles, Jr. 著, 平野信夫 訳：電子・通信工学のための確率論序説, 東京電機大学出版局 (1981)

14) 島田良作, 木内陽介, 大松　繁：わかる情報理論, 日新出版 (1982)

15) 池原止夫, 広田　修：情報理論入門, 啓学出版 (1983)

16) 今井秀樹：情報理論, 昭晃堂 (1984)

17) T. M. Cover and J. A. Thomas：Elements of information theory, second edition, A Wiley-Interscience Publication (2006)

18) 大石進一：例にもとづく情報理論入門, 講談社 (1991)

19) 堀内司郎, 有村一朗：画像圧縮技術のはなし, 工業調査会 (1993)

20) 植松友彦：文書データ圧縮アルゴリズム入門, CQ 出版社 (1994)

21) 平澤茂一：情報理論, 培風館 (1996)

22) 森口繁一，宇田川銈久，一松　信：岩波 数学公式 II，級数・フーリエ解析，
　　岩波書店 (1987)
23) 太田　純：バーコードイメージ・QR コード　データ符号化と信頼性確保の手
　　法，C Magazine, pp.52-68 (2004.7)

演習問題解答

2章

【1】 図 2.4 にすべての場合を示した。表が 2 回の事象は，表表裏，表裏表，裏表表。

【2】 $A \cup B$ はハートまたは奇数が出る事象
$A \cup C$ はハートまたは偶数が出る事象
$A \cap B$ は奇数のハートが出る事象
$A \cap C$ は偶数のハートが出る事象
$\Omega - A$ はハート以外が出る事象
$\Omega - B$ は偶数が出る事象

【3】 すべての場合は 100 万通り，当たりは 100 通りだから，$100/1000000 = 0.0001$。

【4】 すべての場合の数は 16 通りある。このうち，1 枚だけ表の出る場合は，表裏裏裏，裏表裏裏，裏裏表裏，裏裏裏表の 4 通りであるから，$4/16 = 1/4$。

【5】 はずれおよび当たりをそれぞれ「は」および「当」で表し，当たりが何回目に出るかを考えると

当ははは，は当はは，はは当は，ははは当

の 4 通りの場合がある。したがって，最初にくじを引くときも最後にくじを引くときも当たりくじを引く確率は 1/4。

【6】 さいころの目は 6 通り。集合 A, B の和集合は $A \cup B = \{1, 3, 5, 6\}$ となるので，$P(A \cup B) = 4/6 = 2/3$。おのおのの確率の和は $P(A) + P(B) = 3/6 + 1/6 = 2/3$。

【7】 全事象は 36 通り，確率変数 X がとる値 k は $2, 3, \cdots, 12$。確率分布を示す。

k	2	3	4	5	6	7	8	9	10	11	12
$P(X=k)$	1/36	2/36	3/36	4/36	5/36	6/36	5/36	4/36	3/36	2/36	1/36

【8】 上の確率分布より $E[X] = 2 \times 1/36 + 3 \times 2/36 + 4 \times 3/36 + 5 \times 4/36 + 6 \times 5/36 + 7 \times 6/36 + 8 \times 5/36 + 9 \times 4/36 + 10 \times 3/36 + 11 \times 2/36 + 12 \times 1/36 = 252/36 = 7$。

【9】 式 (2.27) の定義より

$$E[aX^2 + bX + c] = \sum_{k=1}^{n} p_k(ax_k^2 + bx_k + c)$$

$$= \sum_{k=1}^{n} p_k a x_k^2 + \sum_{k=1}^{n} p_k x_k b + \sum_{k=1}^{n} p_k c$$

$$= a \sum_{k=1}^{n} p_k x_k^2 + b \sum_{k=1}^{n} p_k x_k + c \sum_{k=1}^{n} p_k$$

$$= aE[X^2] + bE[X] + c$$

【10】 平均 $= 30 \times 2/6 + 3 \times 4/6 = 12$ 〔点〕。

分散 $= (30 - 12)^2 \times 2/6 + (3 - 12)^2 \times 4/6 = 108 + 54 = 162$。

【11】 $P(B) = 1/4$, スペードのエース 1 枚なので $P(A \cap B) = 1/52$, 式 (2.30) より
$P(A|B) = P(A \cap B)/P(B) = (1/52)/(1/4) = 1/13$。

【12】 $P(A) = 45/(45 + 38 + 37) = 45/120 = 3/8$。

$P(B) = (45 - 5 + 38 - 2 + 37 - 1)/(45 + 38 + 37) = 112/120 = 14/15$。

$P(A \cap B) = (45 - 5)/120 = 1/3$。

$P(A|B) = P(A \cap B)/P(B) = (1/3)/(14/15) = 5/14$。

$P(B|A) = P(A \cap B)/P(A) = (1/3)/(3/8) = 8/9$。

[別解]

$P(A|B)$ および $P(B|A)$ は式 (2.30) を用いずにつぎのように求めることがで
きる。

B, $A \cap B$ に属するのはおのおの 112 人, $45 - 5 = 40$ 人で, $P(A|B) = 40/112 = 5/14$。

A, $A \cap B$ に属するのはおのおの 45 人, 40 人で, $P(B|A) = (45 - 5)/45 = 8/9$。

【13】 1 回目白球を A, 2 回目赤球を B とすると $P(A)P(B|A) = (5/8)(3/7) = 15/56$。

【14】 数学優秀を A, 電気基礎優秀を B とすると, $P(B) = P(A \cap B) + P(\bar{A} \cap B) = P(A)P(B|A) + P(\bar{A})P(B|\bar{A}) = (1/4)(9/10) + (3/4)(2/7) = 123/280$。

【15】 留学生に属するのは $5 + 2 = 7$ 人, 留学生 $\cap x$ 組に属するのは 5 人だから 5/7。

3章

【1】

$$S = \begin{pmatrix} a_1, & a_2, & a_3, & a_4 \\ 1/8, & 3/8, & 3/8, & 1/8 \end{pmatrix}$$

【2】

$$S = \begin{pmatrix} a_1, & a_2, & a_3, & a_4, & a_5, & a_6, & a_7, & a_8, & a_9, & a_{10}, & a_{11} \\ 1/36, & 2/36, & 3/36, & 4/36, & 5/36, & 6/36, & 5/36, & 4/36, & 3/36, & 2/36, & 1/36 \end{pmatrix}$$

【3】 $-\log_2 2^{-5} = 5$ 〔ビット〕

【4】 *2* 章の演習問題【4】より 1 枚だけ表になる確率は 1/4 であるから

$$-\log_2 2^{-2} = 2 \quad \text{〔ビット〕}$$

【5】

$$H(S) = -(1/8)\log_2(1/8) - (3/8)\log_2(3/8) - (3/8)\log_2(3/8)$$

$$-(1/8)\log_2(1/8) \simeq 1.81 \quad \text{〔ビット/情報源記号〕}$$

【6】

$$H(S) = -(1/36)\log_2(1/36) - (2/36)\log_2(2/36) - (3/36)\log_2(3/36)$$

$$- (4/36)\log_2(4/36) - (5/36)\log_2(5/36) - (6/36)\log_2(6/36)$$

$$- (5/36)\log_2(5/36) - (4/36)\log_2(4/36) - (3/36)\log_2(3/36)$$

$$- (2/36)\log_2(2/36) - (1/36)\log_2(1/36)$$

$$\simeq 3.27 \quad \text{〔ビット/情報源記号〕}$$

【7】 C_1 の平均符号長：$(1/8) \times 3 + (3/16) \times 3 + (3/8) \times 2 + (1/16) \times 4$
$$+(1/4) \times 2 = 39/16$$

C_2 の平均符号長：$(1/8) \times 4 + (3/16) \times 3 + (3/8) \times 1 + (1/16) \times 4$
$$+(1/4) \times 2 = 35/16$$

符号の木を描けば，C_1 および C_2 がともに瞬時符号であることがわかる。C_2 のほうが C_1 よりよい符号であることは平均符号長より明らかである。

【8】 (1)　つぎの 2 元情報源 S を考えよう。

$$S = \begin{pmatrix} A, & B \\ p_A, & p_B \end{pmatrix}$$

このとき 2 次拡大情報源はつぎのようになる。

$$S^2 = \begin{pmatrix} AA, & AB, & BA, & BB \\ p_A p_A, & p_A p_B, & p_B p_A, & p_B p_B \end{pmatrix}$$

S^2 のエントロピー $H(S^2)$ は定義より

$$H(S^2) = -p_A p_A \log_2(p_A p_A) - p_A p_B \log_2(p_A p_B)$$

$$- p_B p_A \log_2(p_B p_A) - p_B p_B \log_2(p_B p_B) \tag{1}$$

ここで，公式

$$\log_2(xy) = \log_2 x + \log_2 y$$

を用いて式 (1) を変形すると

$$H(S^2) = -p_A p_A \log_2 p_A - p_A p_A \log_2 p_A - p_A p_B \log_2 p_A - p_A p_B \log_2 p_B$$
$$- p_B p_A \log_2 p_B - p_B p_A \log_2 p_A - p_B p_B \log_2 p_B - p_B p_B \log_2 p_B$$

$$(2)$$

上式の第 1, 3, 5, 7 項の和を G_1，第 2, 4, 6, 8 項の和を G_2 で表すと

$$G_1 = -(p_A \log_2 p_A)(p_A + p_B) - (p_B \log_2 p_B)(p_A + p_B)$$
$$= -p_A \log_2 p_A - p_B \log_2 p_B = H(S) \tag{3}$$

まったく同様にして

$$G_2 = H(S) \tag{4}$$

したがって式 (2)〜(4) より

$$H(S^2) = G_1 + G_2 = 2H(S) \tag{5}$$

(2)　このとき，S^n の情報源記号の数は 2^n となり

$$S^n = \begin{pmatrix} A \cdots A, & A \cdots AB, & \cdots\cdots, & B \cdots B \\ p_A \cdots p_A, & p_A \cdots p_A p_B, & \cdots\cdots, & p_B \cdots p_B \end{pmatrix}$$

S^n の i 番目の情報源記号を s_i，そのときの生起確率を $P(s_i)$ で表すと

$$H(S^n) = -\sum_{i=1}^{2^n} P(s_i) \log_2 P(s_i) \tag{6}$$

ここで，$s_i = a_{i_1} a_{i_2} \cdots a_{i_n}$ とすれば，$a_{i_1}, a_{i_2}, \cdots, a_{i_n}$ はすべて A または B である。このとき，$P(s_i) = P(a_{i_1} a_{i_2} \cdots a_{i_n}) = P(a_{i_1}) P(a_{i_2}) \cdots P(a_{i_n})$ であるので

$$H(S^n) = -\sum_{i=1}^{2^n} P(a_{i_1}) P(a_{i_2}) \cdots P(a_{i_n}) \cdot \log_2 \{ P(a_{i_1}) P(a_{i_2}) \cdots P(a_{i_n}) \}$$

$$(7)$$

式 (7) の総和は，すべての $a_{i_1}, a_{i_2}, \cdots, a_{i_n}$ の組合せに対して行うことと考えることができるから

$$H(S^n) = -\sum_{i_1=1}^{2} \sum_{i_2=1}^{2} \cdots \sum_{i_n=1}^{2} P(a_{i_1}) P(a_{i_2}) \cdots P(a_{i_n})$$
$$\cdot \log_2 \{ P(a_{i_1}) P(a_{i_2}) \cdots P(a_{i_n}) \}$$

$$= -\sum_{i_1=1}^{2}\sum_{i_2=1}^{2}\cdots\sum_{i_n=1}^{2} P(a_{i_1})P(a_{i_2})\cdots P(a_{i_n}) \cdot \log_2 P(a_{i_1})$$

$$-\sum_{i_1=1}^{2}\sum_{i_2=1}^{2}\cdots\sum_{i_n=1}^{2} P(a_{i_1})P(a_{i_2})\cdots P(a_{i_n}) \cdot \log_2 P(a_{i_2})$$

$$\vdots$$

$$-\sum_{i_1=1}^{2}\sum_{i_2=1}^{2}\cdots\sum_{i_n=1}^{2} P(a_{i_1})P(a_{i_2})\cdots P(a_{i_n}) \cdot \log_2 P(a_{i_n})$$

$$(8)$$

式 (8) の第 1 項を変形すると

$$-\sum_{i_1=1}^{2}\sum_{i_2=1}^{2}\cdots\sum_{i_n=1}^{2} P(a_{i_1})P(a_{i_2})\cdots P(a_{i_n}) \cdot \log_2 P(a_{i_1})$$

$$= -\sum_{i_1=1}^{2} P(a_{i_1}) \log_2 P(a_{i_1}) \cdot \sum_{i_2=1}^{2} P(a_{i_2})\cdots \sum_{i_n=1}^{2} P(a_{i_n})$$

$$= -\sum_{i_1=1}^{2} P(a_{i_1}) \log_2 P(a_{i_1}) = H(S) \qquad (9)$$

式 (8) の第 2 項から第 n 項までまったく同様に変形できてすべて $H(S)$ になる。したがって，$H(S^n) = nH(S)$。

【9】 $q = 2$ として，それぞれの符号語の長さを式 (3.45) のクラフトの不等式に代入すると，以下のようになる。

$$C_2 : 2^{-1} + 2^{-1} + 2^{-2} = 1.25 \qquad 不成立$$
$$C_3 : 2^{-2} + 2^{-2} + 2^{-2} = 0.75 \qquad 成立$$
$$C_4 : 2^{-1} + 2^{-2} + 2^{-3} = 0.875 \qquad 成立$$
$$C_5 : 2^{-1} + 2^{-2} + 2^{-3} = 0.875 \qquad 成立$$
$$C_6 : 2^{-1} + 2^{-2} + 2^{-2} = 1.0 \qquad 成立$$

ここでは C_5 はクラフトの不等式が成立しているが，符号の割当て方が適切でないために瞬時符号となっていない（一意復号可能ではある）例である。

4章

【1】 (1) $H(S) = 2.30$〔ビット/情報源記号〕。

(2) 各情報源記号と符号語の対応を以下に示す。

$a_2 \to 1, \ a_5 \to 000, \ a_6 \to 001, \ a_4 \to 011, \ a_3 \to 0100, \ a_1 \to 0101$

(3) 式 (3.31) を用いて計算すると $L = 2.35$〔ビット/情報源記号〕となる。

【2】 情報源は $S = \begin{pmatrix} A, & B \\ 1/4, & 3/4 \end{pmatrix}$ で表される 2 元情報源となる。

(1) $H(S) = 0.811$ 〔ビット/情報源記号〕。

(2) 長さ 2 でブロック化したときの情報源ブロックと符号語の対応（一例）

$\quad BB \to 0, \quad BA \to 11, \quad AB \to 100, \quad AA \to 101$

長さ 3 でブロック化したときの情報源ブロックと符号語の対応（一例）

$\quad BBB \to 1, \quad BBA \to 001, \quad BAB \to 010, \quad ABB \to 011$

$\quad AAB \to 00000, \quad ABA \to 00001, \quad BAA \to 00010, \quad AAA \to 00011$

(3) 情報源ブロックの長さが 2 では $l_2 = 27/32 = 0.844$ 〔ビット/情報源記号〕，情報源ブロックの長さが 3 では $l_3 = 79/96 = 0.823$ 〔ビット/情報源記号〕。

【3】 (1) $H(S) = 0.469$ 〔ビット/情報源記号〕。

(2) $L = 3$ とした場合は $N = 7$ となるから情報源ブロックの平均長さは式 (4.3) より $n_7 = 5.217$ となる。したがって，1 情報源記号当りの平均符号長は式 (4.4) より $l_7 = L/n_7 = 3/5.217 = 0.575$ 〔ビット/情報源記号〕となる。

(3) 情報源ブロックとハフマン符号の符号語の対応はつぎのようになる（括弧内は情報源ブロックの生起確率）。

$\quad WWWW(0.6561) \to 0, \quad B(0.1) \to 100, \quad WB(0.09) \to 101$

$\quad WWB(0.081) \to 110, \quad WWWB(0.0729) \to 111$

1 情報源ブロック当りの平均符号長は $\bar{L} = 1.6878$ 〔ビット/ブロック〕。情報源ブロックの平均長さは式 (4.3) より $n_4 = 3.439$ であり，式 (4.4) より 1 情報源記号当りの平均符号長は $l_4 = 1.6878/3.439 = 0.491$ 〔ビット/情報源記号〕。

【4】 BBB が対応する区間は，$[0, 0.512)$ となる。すべて長さ 3 の情報源記号系列は BBB 以外のすべての記号系列は $[0.512, 1)$ の区間に含まれるから，これら七つの記号系列が対応する小数は 0.5 より大きいので小数点第 1 位は 1 となる。つまり，符号語の最初は 1 となるので BBB に対応する符号語は 0 でよい。

【5】 最初に記号 A を付けると，つぎのように区切りを入れることができる。

$\quad A/AC/AAB/AACC/BAB/CAABC/BB/$

5 章

【1】 1 回目が i 等で 2 回目が j 等である確率を $P(i, j)$ で表すことにする。1 回目が 1 等で 2 回目も 1 等であることはないから $P(1, 1) = 0$，1 回目が 1 等で 2 回目が 2 等である確率は $P(1, 2) = (1/9)(2/8) = 1/36$。以下同様にしてそれぞれの確率は以下のようになる。

$$P(1,3) = 1/12, \ P(2,1) = 1/36, \ P(2,2) = 1/36, \ P(2,3) = 1/6,$$
$$P(3,1) = 1/12, \ P(3,2) = 1/6, \ P(3,3) = 5/12$$

式 (5.5) より

$$
\begin{aligned}
H(X,Y) =\ & -(1/36)\log_2(1/36) - (1/12)\log_2(1/12) - (1/36)\log_2(1/36) \\
& -(1/36)\log_2(1/36) - (1/6)\log_2(1/6) - (1/12)\log_2(1/12) \\
& -(1/6)\log_2(1/6) - (5/12)\log_2(5/12) \simeq 2.42 \quad 〔ビット/記号〕
\end{aligned}
$$

【2】 $H(X)$ および $H(X|Y)$ は $P(x_i|y_j) = P(x_i, y_j)/P(y_j)$ より次式で与えられる。

$$H(X) = -\sum_{i=1}^{M} P(x_i) \log_2 P(x_i)$$

$$
\begin{aligned}
H(X|Y) &= -\sum_{i=1}^{M} \sum_{j=1}^{N} P(x_i, y_j) \log_2 P(x_i|y_j) \\
&= -\sum_{i=1}^{M} \sum_{j=1}^{N} P(x_i, y_j) \log_2 P(x_i, y_j) + \sum_{i=1}^{M} \sum_{j=1}^{N} P(x_i, y_j) \log_2 P(y_j)
\end{aligned}
$$

これらの式を $I(X;Y) = H(X) - H(X|Y)$ に代入する。

$$
\begin{aligned}
I(X;Y) =\ & -\sum_{i=1}^{M} P(x_i) \log_2 P(x_i) \\
& + \sum_{i=1}^{M} \sum_{j=1}^{N} P(x_i, y_j) \log_2 P(x_i, y_j) - \sum_{i=1}^{M} \sum_{j=1}^{N} P(x_i, y_j) \log_2 P(y_j) \\
=\ & \sum_{i=1}^{M} \sum_{j=1}^{N} P(x_i, y_j) \{\log_2 P(x_i, y_j) - \log_2 P(x_i) - \log_2 P(y_j)\} \\
=\ & \sum_{i=1}^{M} \sum_{j=1}^{N} P(x_i, y_j) \log_2 \frac{P(x_i, y_j)}{P(x_i)P(y_j)}
\end{aligned}
$$

【3】 式 (5.23), (5.17), (5.18) からつぎのように証明される。

$$
\begin{aligned}
I(X;Y) =\ & -\sum_{i=1}^{M} P(x_i) \log_2 P(x_i) + \sum_{j=1}^{N} P(y_j) \sum_{i=1}^{M} P(x_i|y_j) \log_2 P(x_i|y_j) \\
=\ & -\sum_{i=1}^{M} \sum_{j=1}^{N} P(y_j|x_i) P(x_i) \log_2 P(x_i) \\
& + \sum_{j=1}^{N} \sum_{i=1}^{M} P(y_j) P(x_i|y_j) \log_2 P(x_i|y_j)
\end{aligned}
$$

$$= -\sum_{i=1}^{M}\sum_{j=1}^{N} P(x_i, y_j) \log_2 P(x_i) + \sum_{i=1}^{M}\sum_{j=1}^{N} P(x_i, y_j) \log_2 P(x_i|y_j)$$

$$= -\sum_{i=1}^{M}\sum_{j=1}^{N} P(x_i, y_j) \log_2 \frac{P(x_i)}{P(x_i|y_j)}$$

$$= -\sum_{i=1}^{M}\sum_{j=1}^{N} P(x_i, y_j) \log_2 \frac{P(x_i)P(y_j)}{P(x_i, y_j)}$$

$$= -\sum_{i=1}^{M}\sum_{j=1}^{N} P(x_i, y_j) \left\{ \log_2 P(y_j) + \log_2 \frac{P(x_i)}{P(x_i, y_j)} \right\}$$

$$= -\sum_{i=1}^{M}\sum_{j=1}^{N} P(x_i, y_j) \log_2 P(y_j) + \sum_{i=1}^{M}\sum_{j=1}^{N} P(x_i, y_j) \log_2 P(y_j|x_i)$$

$$= -\sum_{i=1}^{M}\sum_{j=1}^{N} P(x_i|y_j) P(y_j) \log_2 P(y_j)$$

$$+ \sum_{i=1}^{M}\sum_{j=1}^{N} P(x_i) P(y_j|x_i) \log_2 P(y_j|x_i)$$

$$= -\sum_{j=1}^{N} P(y_j) \log_2 P(y_j) + \sum_{i=1}^{M} P(x_i) \sum_{j=1}^{N} P(y_j|x_i) \log_2 P(y_j|x_i)$$

$$= H(Y) - H(Y|X) = I(Y;X)$$

【4】 $P(Y = 0) = P(Y = 0|X = 0)P(X = 0) + P(Y = 0|X = 1)P(X = 1) = 0.5$, $P(Y = 1) = 0.5$ となるから, $H(Y) = -0.5\log_2 0.5 - 0.5\log_2 0.5 = 1$。 $H(Y|X)$ は式 (5.18) で得られ, $I(X;Y)$ は前問【3】の式で求められる。

$$H(Y|X) = -P(Y = 0|X = 0)P(X = 0) \log_2 P(Y = 0|X = 0)$$

$$- P(Y = 0|X = 1)P(X = 1) \log_2 P(Y = 0|X = 1)$$

$$- P(Y = 1|X = 0)P(X = 0) \log_2 P(Y = 1|X = 0)$$

$$- P(Y = 1|X = 1)P(X = 1) \log_2 P(Y = 1|X = 1)$$

$$= -0.8 \times 0.5 \log_2 0.8 - 0.2 \times 0.5 \log_2 0.2$$

$$- 0.2 \times 0.5 \log_2 0.2 - 0.8 \times 0.5 \log_2 0.8 \simeq 0.72$$

$$I(X;Y) = H(Y) - H(Y|X) \simeq 1 - 0.72 = 0.28 \quad \text{〔ビット/記号〕}$$

【5】 定常確率は例題 5.6 と同様にして $P(0) = P(1) = 0.5$ となる。

$$P(0, 0) = 0.8 \times 0.5 = 0.4, \quad P(0, 1) = 0.2 \times 0.5 = 0.1,$$

$$P(1,0) = 0.2 \times 0.5 = 0.1, \quad P(1,1) = 0.8 \times 0.5 = 0.4$$

$$H_1(X) = -P(0,0) \log_2 P(0|0) - P(0,1) \log_2 P(0|1)$$
$$- P(1,0) \log_2 P(1|0) - P(1,1) \log_2 P(1|1)$$
$$\simeq 0.72 \quad \text{〔ビット/記号〕}$$

【 6 】 優勝すること，および優勝しないことをそれぞれ 1 および 0 とし，予想が的中すること，およびはずれることをそれぞれ H および F で表すとする。題意より，$P(1) = 1/3, P(0) = 2/3, P(H|1) = 2/5, P(F|0) = 4/5$ である。これらを用いて計算するとつぎのように結合確率が得られる。

$$P(1,H) = P(1)P(H|1) = (1/3)(2/5),$$
$$P(1,F) = P(1)P(F|1) = (1/3)(3/5),$$
$$P(0,H) = P(0)P(H|0) = (2/3)(4/5),$$
$$P(0,F) = P(0)P(F|0) = (2/3)(1/5)$$

したがって，各条件つき確率はつぎのように得られる。

$$P(H) = P(1,H) + P(0,H) = 2/3,$$
$$P(F) = P(1,F) + P(0,F) = 1/3,$$
$$P(1|H) = P(1,H)/P(H) = 1/5,$$
$$P(0|H) = P(0,H)/P(H) = 4/5,$$
$$P(1|F) = P(1,F)/P(F) = 3/5,$$
$$P(0|F) = P(0,F)/P(F) = 2/5$$

優勝するかどうかを情報源 X，予想が的中するかどうかを情報源 Y で表すと

$$H(X) = -(1/3) \log_2 (1/3) - (2/3) \log_2 (2/3) \simeq 0.92 \quad \text{〔ビット/記号〕}$$

式 (5.17) より

$$H(X|Y) = -P(H)P(1|H) \log_2 P(1|H)$$
$$- P(F)P(1|F) \log_2 P(1|F)$$
$$- P(H)P(0|H) \log_2 P(0|H)$$
$$- P(F)P(0|F) \log_2 P(0|F)$$
$$= -18/15 - (3/15) \log_2 3 + \log_2 5$$
$$\simeq 0.8 \quad \text{〔ビット/記号〕}$$

ゆえに，相互情報量は下記で得られる。

$$I(X;Y) = H(X) - H(X|Y) \simeq 0.12 \quad \text{〔ビット/記号〕}$$

6 章

【1】　式 (6.9) を用いる。$H(0.1) = 0.469$ であるから，$C = 1 - H(p) = 0.531$〔ビット/記号〕となる。

【2】　これは BEC のモデルとして表される。消失が生じる頻度は 10 回に 1 回となるから $q = 0.1$ である。これより，式 (6.11) に代入すると通信路容量は $C = 0.9$〔ビット/記号〕が得られる。したがって，1 秒間に届く情報量は $C/0.5 = 1.8$〔ビット/s〕となる。

【3】　通信路に入力する記号を x_1, x_2, x_3，出力される記号を y_1, y_2, y_3 とし，確率変数をそれぞれ X, Y とする。x_1, x_2, x_3 の生起確率をそれぞれ p_1, p_2, p_3 として，$H(Y|X)$ は通信路行列の値 $P(y_j|x_i)$ を用いて式 (5.18) で求められる。

$$H(Y|X) = (p_1 + p_2 + p_3)\,(-0.8 \log_2 0.8 - 0.1 \log_2 0.1 - 0.1 \log_2 0.1)$$
$$= 0.922 \quad 〔ビット/記号〕$$

　　したがって，$H(X|Y)$ は p_1, p_2, p_3 に依存しない。相互情報量は $I(X;Y) = H(Y) - H(Y|X)$ で与えられて最大値は $H(Y)$ のみで決まる。出力記号は三つであるから $H(Y)$ の最大値は $\log_2 3$ となるので，通信路容量は $C = \log_2 3 - 0.922 = 0.663$〔ビット/記号〕となる。

【4】　前問と同様に，$H(Y)$ を最大にすれば $I(X;Y)$ の最大値が得られる。C_1 の出力を Y_1，C_2 の出力を Y_2 としたとき，$H(Y) = H(Y_1) + H(Y_2)$ であり，$I(X;Y) = I(Y_1;X_1) + I(Y_2;X_2)$，$I(Y_1;X_1) = H(Y_1) - H(Y_1|X_1)$，$I(Y_2;X_2) = H(Y_2) - H(Y_2|X_2)$ となる。また，$H(Y_1)$, $H(Y_2)$ は X_1, X_2 が等確率で送信記号を発生するときに受信記号 Y も等確率となり，$H(Y) = 2$ で最大値となる。式 (5.18) を用いて $H(Y|X)$ を計算すると

$$H(Y|X) = -(1 - p_1) \log_2 (1 - p_1) - p_1 \log_2 p_1$$
$$-(1 - p_2) \log_2 (1 - p_2) - p_1 \log_2 p_2 = H(p_1) + H(p_2)$$

となるから，通信路容量は以下のようになる。

$$2 - H(p_1) - H(p_2) = C_1 + C_2$$

【5】　5 回繰り返して符号語として送り，その受信語を受け取ったとき 0, 1 の多いほうに復号すれば 2 ビット誤りまで訂正できる。復号誤り率 P_E は通信路が BSC であれば，例題 6.4 と同様に入力の生起確率に依存しないので，長さ 5 ビットの符号語の記号のうち三つ以上誤る確率を計算すればよい。

$$P_E = 10(1 - p)^2 p^3 + 5(1 - p) p^4 + p^5$$

$n = 5$, $M = 2$ より，$R = 1/5$〔ビット/記号〕である。

7章

【1】 (1) 明らかなので略す。

(2) 明らかなので略す。

(3) 例として 3 次元ベクトルを $x = (1,0,1),\ y = (1,1,1),\ z = (0,0,1)$ の場合を調べる。それぞれのハミング距離は，$d_H(x,y) = 1,\ d_H(y,z) = 2,$ $d_H(z,x) = 1$ なので，三角不等式を満たしている。

【2】 偶数パリティ検査符号の符号語，受信語，および誤りベクトルをそれぞれ，$\boldsymbol{w} = (w_1, w_2, \cdots, w_n),\ \boldsymbol{y} = (y_1, y_2, \cdots, y_n),\ \boldsymbol{e} = (e_1, e_2, \cdots, e_n)$ とすると式 (7.7), (7.17), (7.18) よりシンドロームは，$s = y_1 + y_2 + \cdots y_n = e_1 + e_2 + \cdots + e_n$ で与えられる。したがって

$$s = \begin{cases} 0, & \text{誤り数が偶数のとき} \\ 1, & \text{誤り数が奇数のとき} \end{cases}$$

となるから，二つ以上の誤りが生じた場合，偶数個の場合は誤り検出できないが，奇数個の場合は 2 個以上の誤りが生じても誤り検出ができる。

【3】 ハミング符号の検査行列は m ビットの 2 元系列のうち，すべて 0 の 2 元系列を除いた $2^m - 1$ 個を列として並べて構成されるので，$m = 4$ の場合の検査行列 $\boldsymbol{H}$ は下記のような 15×4 の行列になる。

$$\boldsymbol{H} = \begin{pmatrix} 0 & 0 & 0 & 0 & 0 & 0 & 0 & 1 & 1 & 1 & 1 & 1 & 1 & 1 & 1 \\ 0 & 0 & 0 & 1 & 1 & 1 & 1 & 0 & 0 & 0 & 0 & 1 & 1 & 1 & 1 \\ 0 & 1 & 1 & 0 & 0 & 1 & 1 & 0 & 0 & 1 & 1 & 0 & 0 & 1 & 1 \\ 1 & 0 & 1 & 0 & 1 & 0 & 1 & 0 & 1 & 0 & 1 & 0 & 1 & 0 & 1 \end{pmatrix}$$

符号長 $n = 15$ の符号語に対する受信語を $\boldsymbol{y} = (y_1, y_2, \cdots, y_{15})$ としたとき，シンドロームは $\boldsymbol{s} = (s_1, s_2, s_3, s_4) = \boldsymbol{y}\boldsymbol{H}^T$ で表せる。受信語 $\boldsymbol{y}$ に単一誤りが生じたとき，このシンドロームを 2 進数表現した値 $(s_1 s_2 s_3 s_4)_2$ が誤り位置を表す。符号語，検査ブロック，情報ブロックをそれぞれ $\boldsymbol{w} = (w_1, \cdots, w_{15})$，$\boldsymbol{c} = (c_1, c_2, c_3, c_4),\ \boldsymbol{u} = (u_1, \cdots, u_{11})$ として，各検査記号を

$c_1 = u_1 + u_2 + u_4 + u_5 + u_7 + u_9 + u_{11},$

$c_2 = u_1 + u_3 + u_4 + u_6 + u_7 + u_{10} + u_{11},$

$c_3 = u_2 + u_3 + u_4 + u_8 + u_9 + u_{10} + u_{11},$

$c_4 = u_5 + u_6 + u_7 + u_8 + u_9 + u_{10} + u_{11}$

のように定め，符号語を構成つぎのようにすれば $\boldsymbol{w}\boldsymbol{H}^T = \boldsymbol{0}$ を満たす。

$$\boldsymbol{w} = (c_1, c_2, u_1, c_3, u_2, u_3, u_4, c_8, u_5, u_6, u_7, u_8, u_9, u_{10}, u_{11})$$

【4】 (1) α^5 となる。

(2)　y_1 および y_5 が誤りのときのシンドロームの和となる。

(3)　$\alpha^5 + \alpha \equiv (1,1,1) + (0,1,0) = (1,0,1) \equiv \alpha^6$ となるから，y_6 が誤りであると判断される。

【 5 】　(1)　符号長 $n = 7$ の巡回ハミング符号とすれば，生成多項式は $G(x) = x^3 + x + 1$ である。また，偶数パリティ検査符号の生成多項式は $x + 1$ であるから，まず，生成多項式 $x^3 + x + 1$ を用いて巡回ハミング符号の符号語を求め，その符号語に対して生成多項式 $x + 1$ を用いて偶数パリティ検査符号の符号語を求める。この二つの符号の組合せでは，検査記号はハミング符号より一つ増えて，$n = 8$, $k = 4$, $m = 4$, $d_{H,\min} = 4$ の符号となる。

(2)　情報ブロック，検査ブロック，および符号語をそれぞれ $\boldsymbol{u} = (u_3, u_2, u_1, u_0)$, $\boldsymbol{c} = (c_2, c_1, c_0, c')$, $\boldsymbol{w} = (w_7, w_6, \cdots, w_0)$ で表す。まず，$G(x) = x^3 + x + 1$ に対する符号語を $\boldsymbol{w} = (u_3, u_2, u_1, u_0, c_2, c_1, c_0)$ とし，これに対する偶数パリティ検査符号の符号語を $\boldsymbol{w}' = (u_3, u_2, u_1, u_0, c_2, c_1, c_0, c')$ とする。

　　$\boldsymbol{w}'$ に対する受信語を $\boldsymbol{y}' = (y_6, y_5, \cdots, y_0, y')$ とし，受信側におけるシンドロームを (s', s_2, s_1, s_0) とする。c' は偶数パリティ検査符号のパリティビットであるから，$s' = y_7 + y_6 + \cdots + y_0$ で得られる。また，$\boldsymbol{w}$ は巡回ハミング符号の符号語であるから，その受信語 $\boldsymbol{y} = (y_6, \cdots, y_0)$ からシンドローム (s_2, s_1, s_0) が得られる。これらを用いて以下のように判定する。

- $s' = 0$, $(s_2, s_1, s_0) = (0,0,0)$ のときは誤りなし。
- $s' = 1$, $(s_2, s_1, s_0) = (0,0,0)$ のときは y'（c' の位置）が誤り。
- $s' = 1$, $(s_2, s_1, s_0) \neq (0,0,0)$ のときは $\boldsymbol{y}$ の中に誤りがあるので，$G(x)$ の解 α により $Y(\alpha) = y_6 \alpha^6 + \cdots + y_0$ で誤り位置が求まる。
- $s' = 0$, $(s_2, s_1, s_0) \neq (0,0,0)$ のときは二つの誤りが生じたと判定。

【 6 】　2 を法とする演算において $(x^7 + 1) \bmod (x^3 + x^2 + 1) = 0$ となる（確認してみよ）。

【 7 】　この式を生成多項式 $G'(x) = x^3 + x^2 + 1$ とする。$G(x) = x^3 + x + 1$ の解を α として，$G'(x)$ の解を探すと

$$G'(\alpha^3) = (\alpha^3)^3 + (\alpha^3)^2 + 1 = \alpha^2 + \alpha^6 + 1 = 0$$
$$G'(\alpha^5) = (\alpha^5)^3 + (\alpha^5)^2 + 1 = \alpha + \alpha^3 + 1 = 0$$
$$G'(\alpha^6) = (\alpha^6)^3 + (\alpha^6)^2 + 1 = \alpha^4 + \alpha^5 + 1 = 0$$

となり，α^3, α^5, α^6 が解となっている。したがって，$G'(x)$ は

$$G'(x) = (x + \alpha^3)(x + \alpha^5)(x + \alpha^6)$$

となる。ここで，$\alpha^5 = \alpha^7 \alpha^5 = \alpha^{12}$ となるから，$\alpha^3 = \alpha'$ とすれば

$$G'(x) = (x + \alpha')(x + \alpha'^2)(x + \alpha'^4)$$

となるので，$G(x)$ と同じ形で表されるから巡回ハミング符号になる。シンド
ローム s' は受信多項式を $Y(x)$ としたとき $Y(\alpha')$ で計算することができる。

【8】　情報ブロック 0001 に対する符号語を計算すると 0001101 となる。ここで，
$i = 5$ の位置に誤りが生じて 0101101 が受信されたとする。このとき，$Y(x) = x^5 + x^3 + x^2 + 1$ である。この多項式に $\alpha' (= \alpha^3)$ を代入すると

$$Y(\alpha') = (\alpha^3)^5 + (\alpha^3)^3 + (\alpha^3)^2 + 1$$
$$= \alpha + \alpha^2\alpha^6 + 1 = \alpha = \alpha^{15} = (\alpha^3)^5 = \alpha'^5$$

となり，$i = 5$ の位置が誤りと計算できる。

【9】　情報ブロック 1010 を符号化する，式 (7.23) より検査記号を求めると符号語は
　　　　1010 $\longrightarrow$ 1010010
となる。一方，1010 は 1000 と 0010 の和であるから，これらを別々に符号語
を求めると
　　　　1000 $\longrightarrow$ 1001011
　　　　0010 $\longrightarrow$ 0011001
となる。これら二つを加え合わせると
　　　　$(1,0,0,1,0,1,1) + (0,0,1,1,0,0,1) = (1,0,1,0,0,1,0)$
となり，1010 の符号語と一致する。つまり式 (7.8) が成り立っている。

索　引

―― 著者略歴 ――

三木　成彦（みき　しげひこ）
1963年　神戸大学工学部電気工学科卒業
1980年　工学博士（大阪大学）
1982年　津山工業高等専門学校助教授
1985年　津山工業高等専門学校教授
2003年　津山工業高等専門学校名誉教授

吉川　英機（よしかわ　ひでき）
1993年　電気通信大学大学院博士前期課程修了
　　　　（電子情報学専攻）
1993年　鈴鹿工業高等専門学校助手
2000年　博士（工学）（大阪市立大学）
2003年　鈴鹿工業高等専門学校講師
2007年　東北学院大学准教授
2019年　東北学院大学教授
　　　　現在に至る

情報理論（改訂版）
Information Theory（Revised Edition）　ⓒ Shigehiko Miki, Hideki Yoshikawa 2000

2000 年 1 月 13 日　初版第 1 刷発行
2021 年 4 月 30 日　初版第 23 刷発行（改訂版）
2021 年 12 月 20 日　初版第 24 刷発行（改訂版）

検印省略	著　　者	三　木　成　彦
		吉　川　英　機
	発　行　者	株式会社　コロナ社
		代表者　牛来真也
	印　刷　所	三美印刷株式会社
	製　本　所	有限会社　愛千製本所

112−0011　東京都文京区千石 4−46−10
発　行　所　株式会社　コロナ社
CORONA PUBLISHING CO., LTD.
Tokyo Japan
振替 00140−8−14844・電話(03)3941−3131(代)
ホームページ　https://www.coronasha.co.jp

ISBN 978−4−339−01217−0　C3355　Printed in Japan　　　（齋藤）

電子情報通信レクチャーシリーズ

■電子情報通信学会編　（各巻B5判，欠番は品切または未発行です）

白ヌキ数字は配本順を表します。

コンピュータサイエンス教科書シリーズ

（各巻A5判，欠番は品切または未発行です）

■編集委員長　曽和将容
■編集委員　　岩田　彰・富田悦次

定価は本体価格＋税です。
定価は変更されることがありますのでご了承下さい。

図書目録進呈◆